# 芦笋优质高产防病技术

# 图文精解

主　编　叶劲松

副主编　尹俊玉　马　昕

编　委　叶劲松　尹俊玉

　　　　马　昕　叶振华

　　　　李国栋　赵卫星

U0227352

科学技术文献出版社

Scientific and Technical Documents Publishing House

北　京

（京）新登字130号

## 内容简介

　　本书由北京市农林科学院种业芦笋研究中心叶劲松等著名芦笋专家共同编著。全书以作者在生产实践中实地拍摄的250余幅彩色图片为主线，辅以简洁、生动的文字，详细介绍了芦笋优质高产防病技术。

　　芦笋是多年生宿根性草本作物，芦笋当年的产量、长势取决于芦笋前一年，甚至前两年的养分积累及病虫害防治情况，芦笋生长的多年性决定了芦笋的高产绝不能以一两年的产量来衡量，而是要多年、持续、均衡地高产高效。芦笋高产防病技术与其他蔬菜作物病虫害防治技术有根本的不同，本书的详尽介绍，可供广大芦笋种植者、基层农业技术推广人员和农业院校师生参考阅读。

科学技术文献出版社是国家科学技术部系统惟一一家中央级综合性科技出版机构，我们所有的努力都是为了使您增长知识和才干。

# 前 言

　　我国是世界上芦笋种植面积最大的生产国，据不完全统计，2007年末我国芦笋栽培面积已达到180万亩，采摘面积超过120万亩，的的确确地成为芦笋种植大国。但是我们的生产水平并不高，年总产量仅30余万吨，平均亩产仅250公斤，大大低于国际平均水平。我国芦笋生产水平在区域之间、年际之间差距极大：高产地块亩产可达1000～1500公斤，而低产地块亩产不足100公斤；今年产量可能很高，明年就大幅下滑。差距如此之大，原因何在？原因就在于芦笋病害的防治！我国每年芦笋生产地块各种芦笋病害感染率超过85%，重点毁园病害芦笋茎枯病、芦笋根腐病感染率超过50%，每年因茎枯病、根腐病泛滥而毁种的面积超过20万亩。芦笋病害的有效防治已成为我国芦笋产业健康发展的瓶颈。笋农们切身体会到，种芦笋能不能防住芦笋茎枯病，是能不能挣钱的关键！因此芦笋优质高产栽培技术自始至终贯穿着防病防虫技术，芦笋防病技术是芦笋优质高产栽培技术的核心技术。

　　芦笋是多年生宿根性草本作物，芦笋当年的产量、长势取决于芦笋前一年，甚至前两年的养分积累及防病情况。因此芦笋高产防病技术有其特殊性，特别是芦笋病害的防治与其他蔬菜作物病害防治有根本的不同。被称为芦笋癌症的芦笋茎枯病其病症难以防治有三大特点：其一是病原菌难以根除；其二是病原菌传播速度极快；其三是药剂防治效果甚微。

　　芦笋茎枯病的致病病原菌为天门冬茎点霉菌，病原菌以分生孢子器在病残株上或土中越冬。来年再从孢子器中飞出分生孢子通过雨水和耕作工具等多种传播途径传播。大量的病残株散落在田间，病原菌在分生孢子器中很难被药剂杀死，在自然条件下可在土中存活2～3年，只要外界条件适宜，就可放出分生孢子使芦笋感病，这是芦笋茎枯病病原菌难以根除的原因。

　　病菌初次侵害芦笋嫩茎以后，从成熟的分生孢子器中放出的孢子被雨水冲出，借气流及雨水反溅，对芦笋茎基部造成继发性感染。病菌于茎幼嫩时最易入侵，一般在嫩茎长出10天以内感染率最高。在芦笋整个生长季节，病菌可借助雨水、灌溉水、气流，以及人工操作，进行10多次反复侵染。病原菌反复侵染传播的速度极快，造成病害的迅速蔓延。

发病后采用各种杀菌剂灭菌，只能杀灭已经放出的分生孢子，却无法消灭大量的隐藏在分生孢子器中未放出的分生孢子。这些隐藏在分生孢子器中的病菌分生孢子只要遇到雨水就会被放出，再次危害芦笋嫩茎，造成第二次、第三次的重复感染，使病害大流行。这种情况就像在战场上，我方用密集的炮火打击敌军，可以消灭大部分地面上的敌军，却无法消灭隐藏在坑道里、避弹洞里的敌军，但炮火过后，地面情况好转，敌军又可从隐藏的坑道里爬出来，继续危害社会。这就是使用药剂防治茎枯病效果甚微的主要原因。

鉴于芦笋防病的以上特点，防治芦笋病害必须坚持多年持续努力，以防为主、综合防治的原则，从切断发病的几个条件入手，全面贯彻执行芦笋高产防病技术体系，才能取得良好的防病高产效果。

# 目 录

## 第二章 芦笋主要病害防治 ⋯⋯⋯⋯⋯⋯ 58

# 第一章 芦笋高产防病技术体系

芦笋高产防病技术体系是一个从源到本，从里到外，从品种到栽培措施，从病原菌根除到设施栽培防病的相互联系、相互依存、相互促进的一整套技术体系。多年生芦笋病害的有效控制，不可能采用一项技术、推广某一个品种、使用一个特效杀菌剂就能彻底防治的。芦笋是一种多年生草本植物，致病菌多为土传病菌，在土壤中可以生存多年，并且逐渐积累，使病害逐年加重。这就要求芦笋的防病体系需要长年坚持，多年连续坚持，各防病链不能间断，才能达到多年持续高产防病的目的。

## 一、采用优良全雄品种是体系的最廉价途径

### 1.劣质2代品种是病害繁殖的罪魁祸首

芦笋是雌雄异株的植物，遗传特性与动物的遗传近似。它既不同于雌雄同株同花的自花授粉作物，如小麦、花生等，也不同于雌雄同株不同花的异花授粉作物，如玉米。

芦笋一个$F_1$代品种中的众多的雌株和雄株后代，相当于一对父母生下的众多兄弟姐妹，兄妹间自由授粉结出的种子，就是我们说的$F_2$

代种子。芦笋的 F₂ 代种群有大量的变异性，因为公开相互传粉，并且兄妹间高度近亲繁殖，使种性严重衰退。变异性和近亲交配的严重后果是导致栽培品种产量大大降低和对病害的耐性丧失，生产力低下，生产出的芦笋嫩茎质次，粗细不等且易纤维化，商品价值很低。特别是 F₂ 代种子抗病能力丧失，造成大面积芦笋茎枯病、根腐病、病毒病等毁灭性病害流行。芦笋本是一个多年生经济作物，第四、五年是壮年期，正当高产优质的时期，却因病害大面积死亡（图1-1，图1-2）。

图1-1　F₂ 代笋严重病害　　　　　图1-2　大面积 F₂ 代笋病害

目前我国有很多农民不知道什么是 F₂ 代种子，也不知道种 F₂ 代种子有什么危害，只听一些种子推销商的话，图便宜而种植了大量的 F₂ 代芦笋。这样不仅使我国的芦笋产业面临极大的危机，也使自身的经济利益受到很大的损失。我国大面积种植的从美国进口的所谓 UC800 芦笋种子，实际上就是 UC157 F₁ 种植行中收获的 UC157 F₂ 代种子，它通常是一个在很宽范围内被病菌严重侵染了的群体。由于兄妹间高度近亲繁殖和基因自由分离重组，使种群严重丧失抗病性，在幼苗时期就表现出严重的感病，大面积种植这样的品种，使我国芦笋产业面临大面积病害的威胁，农药残留超标，产品卖不出去，劣质 F₂ 代品种是病害泛滥的罪魁祸首（图1-3，图1-4）。

图1-3 大面积F₂代笋茎枯病

图1-4 F₂代笋田因茎枯病毁园

## 2.芦笋的F₁代杂交种有较强的抗病性

目前用于商业生产的主要芦笋栽培品种是无性系F₁代杂交种，杂交种F₁是经多年选优的两个亲缘关系较远的无性繁殖系父母本杂交的结果。能作为商品种子提供给栽培者的这些 F₁无性系杂交种，是园艺特征相当一致的种群，在抗病性的选择上，育种家对 F₁代杂交种的父母代亲本抵抗病原体侵入的能力进行过严格选择，因此芦笋F₁代杂交种对镰刀菌（引起芦笋根腐病）、茎点霉菌（引起芦笋茎枯病）有较强的耐病性，它的产量和对病害的耐性都大大高于开放式自由授粉的老品种（图1-5,图1-6）。

图1-5 大面积F₁杂交种

图1-6 芦笋杂交亲本选育

F₁代杂交种要经过十多年的筛选、鉴定、评优，最后从几百甚至几千个组合中选出一两个优质组合。和玉米、高粱等杂交种不同的是，芦笋杂交组合选育出来后，它的两个亲本不能用种子来繁殖。因为芦笋的雌雄亲本是分离的，它的遗传特性与动物和人类是一样的。芦笋的雌雄亲本从一棵到制种田的上万棵，必须用无性繁殖的方法进行繁殖，才能保证亲本的遗传纯度，保证亲本的高抗病性。现代高技术的芦笋雌雄亲本无性繁殖方法多采用组织培养，用亲本的茎芽尖离体在无菌室内进行组织培养，形成有根盘、有吸收根、有茎芽的新植株。这种方法可以在一年内将一棵亲本繁殖成遗传性状完全一致的几万棵亲本。将这些无性繁殖系父母本按1∶3种植在制种田里进行杂交，收获的种子就是无性系F₁代杂交种。这些F₁无性系杂交种，已经发展成园艺特征相当一致的种群，它的产量和对病害的抗性都大大高于开放式自由授粉的F₂代种（图1-7，图1-8）。

图1-7　芦笋杂交亲本组织培养　　　　图1-8　杂交亲本试验室组培

### 3.芦笋的全雄F₁代品种在抗病性上更有优越性

全雄品种是近年来国际芦笋协会全力推荐的新一代高产抗病品种。普通芦笋F₁代杂交种的后代，有50%的雌株和50%的雄株。50%的雌株在第二、三年开始产生大量的F₂代种子，消耗大量的储存营养，因此雌株的产量要比雄株低1/3。普通芦笋$F_1$代杂交种的抗病性较$F_2$代品种有很大提高，但仍有局限性，且品种之间差异很大（图1-9，图1-10）。

图1-9　全雄亲本鉴定

图1-10　全雄亲本试验室筛选

全雄$F_1$代杂交种在亲本选育上更进了一步，超雄亲本的选育更注重了抗病性的筛选，全雄$F_1$代杂交种的后代，几乎没有雌株，不会产生$F_2$代种子，在生产田中不会产生大量的自生苗，免除了人工清除自生苗的麻烦。自生苗是传播芦笋茎枯病的最好媒介，没有了自生苗，大大减少了茎枯病传染的几率。由于全雄品种只有很少的雌株，没有大量生产种子的养分消耗，因此增产潜力在第三年后尽力发挥，生长势很强，一般比雌雄混合的品种产量要高30%以上。全雄品种的抗病性要比普通$F_1$代杂交种好很多，生长势强，生长整齐，对茎枯病、根腐病都有较强的耐病性。国际芦笋协会第三届芦笋品种高产试验结果表明，第一、二年全雄$F_1$代杂交品种与普通$F_1$代杂交种在产量上差异不大，但是到了第三年以后，全雄$F_1$代杂交品种与普通$F_1$代杂交种在产量上就拉开了距离，同时由于全雄品种的抗病性更好，后续产量表现更突出，到了第五年，整个产量试验的前十名都是全雄品种（图1-11，图1-12）。

图1-11 全雄亲本杂交鉴定

图1-12 全雄亲本杂交

### 4.F₁代杂交种品种之间抗病性差异很大

北京市农林科学院种业芦笋研究中心近十年来，引进国际芦笋杂交种及国内芦笋品种60余个，进行长达六年的芦笋品种试验，对不同品种的抗病性、耐病性进行多年持续严格的鉴定，并采用试验室内接种、盆栽鉴定试验、小区试验等方法，测定每个品种对芦笋茎枯病、根腐病、褐斑病的感染普遍度、严重度。经多种方法严格试验，得出的结果表明：不同F₁代杂交种，品种之间抗病性差异很大，达到0.01显著水平。第四年、第五年、第六年不同品种的产量水平与该品种的抗病性呈显著正相关。也就是说，品种的抗病性越好，年末植株积累的养分就越多，植株因病死亡的少，多年持续产量水平就越高。六年试验的结果总体上来说，全雄F₁代杂交种较普通F₁代杂交种杂种优势强，抗病性好，第五年、第六年整个产量抗病试验的前十名都是全雄品种（图1-13，图1-14）。

抗病性表现最突出的是加拿大国家蔬菜所育成的全雄绿芦笋品种格尔夫（Guelph Millennium），美国新泽西州立大学最新育成的绿芦笋全雄品种NJ1023、NJ1019、NJ1016、NJ977，美国新泽西芦笋试验

图1-13 大面积全雄品种

图1-14 全雄亲本

场育成的全雄绿白两用芦笋品种杰西奈特（Jersey Knight）。这些全雄品种都具有生长势强，生长整齐，对茎枯病、根腐病、褐斑病有较强的耐病性等特点。参加试验的一些普通品种、$F_2$代品种比如UC800、UC72、帝王、鲁芦一号等品种，在试验的第二年就严重感病，第三年试验行死亡率超过60%，就更谈不上产量了。普通雌雄混合的$F_1$代杂交种，雄株较雌株生长强壮、繁茂，没有因生产种子而大量消耗养分，抵抗病虫害袭击的能力比较强，因此抗病能力也较强，但它有50%的雌株，雌株产生大量的种子，很容易被风刮倒，造成缺苗断垄。国际芦笋协会第三届芦笋品种高产试验结果表明，第一、二年全雄$F_1$代杂交品种与普通$F_1$代杂交种在产量上差异不大，但是到了第三年以后，全雄$F_1$代杂交品种与普通$F_1$代杂交种在产量上就拉开了距离，全雄品种一般比雌雄混合的品种产量要高30%以上，比如美国加利福尼亚芦笋种子公司生产的无性系$F_1$代种格兰蒂（Grande）、阿波罗（Apollo），新西兰太平洋芦笋有限公司育成的绿芦笋品种太平洋2000(Pacific 2000)等，在第四年、第五年都失去了优势，同时在耐病性上也大大不如全雄品种（图1-15，图1-16）。

图1-15 不同全雄品种鉴定　　　　　　图1-16 全雄品种

　　经过十余年的试验研究，大量的研究成果表明，在中国广大的芦笋产区，芦笋产业的成败在于能否有效地防治芦笋病害，最主要的是芦笋茎枯病和根腐病。而防治芦笋病害的最根本途径是首先采用抗病性能好的全雄品种，这是芦笋高产防病技术体系的基础。

## 5.优良杂交 $F_1$ 代品种介绍

　　（1）格尔夫（Guelph Millennium）：由加拿大国家蔬菜所育成的全雄绿芦笋品种,格尔夫是目前抗芦笋茎枯病性能最好的全雄绿芦笋品种，在60多个参试品种中，名列第一。经北京市农科院芦笋研究中心六年抗病高产试验，对叶枯病、锈病高抗，对我国发病较重的根腐病、茎枯病有较高的抗性。由于抗病性好，产量较高。品种植株生长势强，抽茎率高，两年生植株株高可达2.5米，枝丛活力较高。嫩茎粗细均匀，整齐一致，笋条顺直，顶端长圆，鳞片包裹紧密，一级品率高。该品种自我调节能力较强，种植密度可以比其他品种大，每亩以1800～2000株为宜，密度大而芦笋嫩茎的粗度不会下降，产量潜力可尽量发挥。该品种对肥力要求较高，是高水肥品种，要想高产需满足其对肥水的供应。是目前不多的几个抗病高产全雄品种（图1-17）。

图 1—17 Guelph Millennium

（2）NJ1023：由美国新泽西州立大学最新育成的绿芦笋全雄品种，嫩茎颜色较深，粗细均匀，整齐一致，笋条顺直，嫩茎顶端较长，纺锤形。鳞片包裹紧密，粗壮，一级品率高。植株生长势很强，抽茎率高，两年生植株株高可达2.8米。枝丛活力较高，第一分枝高，达到56厘米，散头率低。植株抗病性较强，对叶枯病、锈病高抗，对我国

发病较重的根腐病、茎枯病有较高的抗性。植株前期生长势中等，成年期生长势强，抽茎多，产量高，质量好，一、二级品率可达80%。NJ1023的种植密度以每亩1600～1800株为宜，密度太大芦笋嫩茎的粗度会下降。是目前不多的几个抗病高产优良全雄品种（图1−18）。

图1−18　NJ1023

（3）NJ977：由美国新泽西州立大学最新育成的绿芦笋全雄品种，其嫩茎绿色较深。植株生长势强，枝丛活力较高。嫩茎粗且均匀，整齐一致，笋条顺直，顶端较圆，鳞片包裹紧密，粗壮，一级品率高。第一分枝较高，散头率低。起产较晚，抗病性较强，对叶枯病、锈病高抗，对我国发病较重的根腐病、茎枯病有较高的抗性。植株前期生长势中等，成年期生长势强，抽茎多，产量高，质量好，一、二级品率可达70%。NJ977的种植密度可以比其他品种大，而芦笋嫩茎的粗度不会下降（图1−19）。

（4）NJ1016：由美国新泽西州立大学最新育成的紫芦笋四倍体全雄品种。顶端略呈长圆形，鳞片包裹紧密，嫩茎淡紫罗兰色，有蜡质，粗大笔直，多汁、微甜，质地细嫩，纤维含量少，生食口感极佳。

图1-19 NJ977

第一分枝高，在高温下散头率较低。植株生长势强，单枝粗壮，植株高大，两年生植株可达2.5米，且韧性较好，较抗倒伏。幼年抽茎较少，第二年生长迅速，起产比较晚。抗病性较强，对叶枯病、锈病高抗，对我国发病较重的根腐病、茎枯病有较高的抗性，对土质要求不严，抗逆性较强（图1-20）。

图1-20 NJ1016 F₁

（5）杰西奈特（Jersey Knight）：由美国新泽西芦笋试验场育成，是绿白兼用的全雄品种，供绿芦笋栽培更优，其嫩茎绿色较深。植株生长势强，枝丛活力较高。嫩茎粗且均匀，整齐一致，顶端较圆，鳞片包裹紧密，第一分枝高度56.4厘米，散头率较低。品种耐湿性较好，抗逆性强，植株生长高大，两年生可达2米高，养分积累率高。嫩茎质地细腻、略有苦味，芦丁、芦笋皂甙含量较阿波罗高，是目前国际保鲜芦笋市场的主打品种。

抗病性较强，对叶枯病、锈病高抗，较耐根腐病、茎枯病。在国际芦笋抗茎枯病测试评比试验中，名列前茅。比格兰蒂、阿波罗有较强抗病性。

　　由于杰西奈特是全雄品种，只有很少的雌株，没有大量的生产种子养分消耗，因此增产潜力在第三年后尽力发挥，一般比雌雄混合的品种产量高30%。杰西奈特产量潜力较大，起产稍晚，第四年的笋田亩产可达1500公斤，比雌雄混合的品种格兰蒂、阿波罗等增产15%，且株龄越大增产越显著（图1-21）。

图1-21　Jersey Knight F₁

　　（6）UC115：美国加利福尼亚大学最新推出的无性F₁代杂交品种。该品种在第三届国际芦笋品种试验的头两年，表现生长势很强，出茎率较高，植株高大，可达2米。嫩茎质量较好，色泽翠绿，嫩茎鳞片包裹紧密，粗细均匀，整齐一致，与UC157 F₁的笋型较相似。第一分枝较高，在高温时段散头率较低。品种休眠期短，早生性好，适合在日光温室中栽培。该品种在青年期抗性较强，不易染病，三四年以后大量雌株退化较严重，抗病性下降。较喜肥水，适合在高水肥土壤种植。该品种在近十年内在美国是取代UC157 F₁的品种（图1-22）。

图1-22 UC115

(7)安德丽亚（Andreas）：法国育成的全雄一代种。植株生长势强，枝丛活力较高，丰产性好。第一分枝高度33厘米，嫩茎顶部鳞片抱合紧密，在高温下易散头。作白芦笋栽培，笋条顺直粗壮，一级品率高。单株抽发嫩茎数多且肥大，整齐一致。该品种适应性好，抗性强，不易染病，对根腐病、茎枯病、锈病有较高的耐病性，而且耐湿性较好。成年笋亩产可达 1000～1200 公斤，是 20 世纪 90 年代中期推广的白芦笋新品种（图 1-23）。

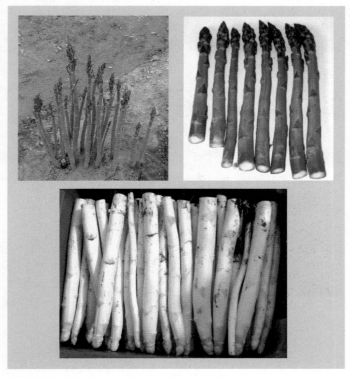

图 1-23 Andreas

（8）太平洋 2000 （Pacific 2000）：新西兰太平洋芦笋有限公司最新育成的绿芦笋品种。品种生长整齐，植株生长势强，第一分枝高度 52.2 厘米，鳞片包裹紧密，在高温下，散头率较低。品种休眠期短，早生性好。抗性强，不易染病，对根腐病、茎枯病高抗。抽茎较多，单茎均匀，适合速冻加工。品种喜肥喜水，成年笋产量高，品质好，商品价值高（图 1-24）。

图1—24 Pacific 2000

（9）杰西巨人（Jersey Giant）：由美国新泽西芦笋试验场育成，是绿白兼用的全雄品种。植株生长势强，适应性好，耐瘠薄、耐干旱，根系极其发达，枝丛活力较高。其嫩茎较粗且均匀，整齐一致，作白芦笋栽培，嫩茎粗，表皮纤维化少。作绿芦笋栽培，嫩茎绿色较深，顶端较圆，鳞片包裹紧密，第一分枝高度49.3厘米，散头率较低。春天对温度比较敏感，起产比较晚，抗病性较强，对锈病高抗，较耐叶枯病、根腐病、茎枯病。嫩茎质地细腻，略有苦味。成年笋亩产可达800～1100公斤，是20世纪80年代推广的优良品种（图1—25）。

图1-25 Jersey Giant F₁

(10) 杰立姆 (Gijnlim)：荷兰优质绿芦笋F₁代全雄品种。植株高大，生长势强，抗逆性好，丰产性好。春季鳞芽萌动较早，休眠期较短。单株嫩茎抽发数多，粗细适中，笋条顺直，整齐一致，畸形笋少，色泽纯正，商品率高。第一分枝高度46.0厘米，顶部鳞片抱合紧密，顶芽长圆，略呈紫色，鳞片稍密，不易散头。嫩茎多汁、微甜、质地细嫩，纤维含量少，口感较好。抗病性较好，对叶枯病、锈病较抗，较耐根腐病、茎枯病。耐湿性较好。在我国北方地区定植后第二年亩产可达 250～300 公斤，成年笋亩产可达 1000～1300 公斤（图1-26）。

(11) 京绿芦1号 (BJ98-2 F₁)：是北京市农林科学院种业芦笋研究中心选育出的适合中国北方栽培的绿芦笋无性系F₁代杂交种。该品种由美国血统的母本BJ38-102无性系与荷兰血统的父本BJ45-68c无性系杂交而成。该品种比较适合生产绿芦笋，嫩茎长柱形，粗细适中，平均茎粗1.45厘米，单枝平均笋重 19.3～21.5 克，比 UC157F₁ 高 2～3 克。嫩茎整齐，质地细嫩，纤维含量少。第一分枝高度52厘米，笋尖

图1—26 Gijnlim

鳞芽包裹得非常紧密，且不易开散，笋头平滑光亮，顶端微细。嫩茎颜色深绿，绿色部分可占98%以上，品质优良，是速冻出口的优良品种。该品种生长势很强，定植当年株高可达180厘米，茎数15～20个。对收获期间的温度要求较宽，起产较早，适合北方地区温室栽培。品种抗病能力较强，对叶枯病、锈病较抗，对根腐病、茎枯病耐病能力较强。在北方地区定植后第二年亩产可达150～200公斤，成年笋亩产可达800～1000公斤（图1—27）。

图1-27 京绿芦1号

（12）京紫芦笋2号（BJ99-1-64 F₁）：是北京市农林科学院种业芦笋研究中心选育出的适合中国北方栽培的紫芦笋无性系 F₁ 代杂交种。该品种由美国血统的母本 BJ105-12A 无性系与新西兰血统的父本 BJ142-71e 无性系杂交而成。该品种顶端呈长圆形，鳞片包裹紧密，嫩茎紫罗兰色，肥大，多汁、微甜、质地细嫩，纤维含量少，不易出现空心现象，品质优异，生食口感极佳。京紫芦笋2号平均茎粗1.52厘米，单枝平均笋重21.5～28.4克，第一分枝高度60.4厘米，在高温下，散头率较低。品种抗性强，不易染病，对根腐病、茎枯病较抗。起

产晚，幼龄期生长势较弱，抽茎较少，单茎粗壮，喜肥喜水，成年笋产量高，品质好，商品价值高。京紫芦笋2号营养价值极高，经化验每百克的鲜芦笋嫩茎中含有芦笋皂甙580毫克，含芦丁52.91毫克以及配比全面的维生素和矿质元素，具有极高的营养保健价值。该品种在我国北方地区定植后第三年亩产可达200～250公斤，成年笋亩产可达700～1000公斤。是当前推广的一种产量高、质地好的最新国产紫芦笋优良品种（图1-28）。

**图1-28 京紫芦笋2号**

（13）格兰蒂（Grande）：美国加利福尼亚芦笋种子公司最新无性系$F_1$代种。该品种春天鳞芽开始萌动非常早，杂种优势极强，采摘季节从开始到结束可以持续很长时间，产量很高。并且顶部鳞片抱合紧密，嫩茎肥大、整齐，多汁、微甜、质地细嫩，纤维含量少。第一分枝高度53.2厘米，在高温下，散头率也较低。嫩茎色泽浓绿，长圆有蜡质，外形与品质均佳，在国际市场上极受欢迎，是出口的最佳品种。抗病能力较强，不易染病，对叶枯病、锈病高抗，对根腐病、茎枯病有较高的耐病性。植株前期生长势中等，成年期生长势强，抽茎多，产量高，质量好，一、二级品率可达 80%。该品种的种植密度可以比其他品种大，而芦笋嫩茎的粗度不会下降。但该品种为普通雌雄混合杂交种，成年期产量不如全雄品种。目前国内假 $F_1$ 代种子泛滥，国内销售的格兰蒂（Grande）90% 是假种子，对品种声誉造成极大影响，笋农们购买种子要十分小心（图 1-29）。

图 1-29 Grande

（14）特来蜜（Taramea）：新西兰$F_1$代杂交种。嫩茎肥大、莹绿有光、大小整齐，顶端鳞片包裹紧密，第一分枝高度50.1厘米，散头率较低。嫩茎质地细腻，风味鲜美。适应性好，抗性强，不易染病，对根腐病、茎枯病有一定耐病性。起产早，休眠期短，耐低温。早春温度低时，笋尖和底部有些发紫，适合保护地栽培。定植后满一年即可采笋，在我国北方地区亩产可达100～150公斤，定植后第二年亩产可达250～300公斤，成年笋亩产可达750～900公斤。是20世纪80年代推广的一种产量高、质地好的优良品种（图1-30）。

图1-30　Taramea

（15）紫色激情（Purple Passion）：由美国加利福尼亚芦笋种子公司育成的第一个多倍体紫芦笋品种。顶端略呈圆形，鳞片包裹紧密，嫩茎紫罗兰色。第一分枝高度63厘米，在高温下散头率较低。抗病性好，但易受害虫袭击。植株生长势中等，单枝粗壮，但抽茎较少，枝丛活力中等，起产比较晚，休眠期较长。嫩茎粗大、多汁、微甜、质地细嫩，纤维含量少，滋味鲜美，气味浓郁，没有苦涩味，含有丰富的维生素、蛋白质、糖分和其他营养成分，生食口感极佳。是高级饭店、餐馆十分走俏的高级生食蔬菜品种。较高产，成年笋亩产可达750～1000公斤。是20世纪90年代初推广的一种产量高、品质优的新品种（图1-31）。

图1-31　Purple Passion F₁

（16）太平洋紫芦笋（Pacific Purple）：新西兰最新品种，意大利血缘。顶端略呈圆形，鳞片包裹紧密，嫩茎紫罗兰色，嫩茎肥大，多汁、微甜、质地细嫩，纤维含量少，尤其不易出现空心现象，品质优异，生食口感极佳。第一分枝高度67.2厘米，在高温下，散头率较低。抗性强，不易染病，对根腐病、茎枯病有较高的耐性。起产比较晚，前期生长势较弱，抽茎较少，单茎粗壮，喜肥喜水，成年笋产量高，品质好，商品价值高。在我国北方地区定植后第三年亩产可达200～250公斤，成年笋亩产可达800～1100公斤。是20世纪90年代推广的一种产量高、质地好的最新紫芦笋优良品种（图1-32）。

图1-32　Pacific Purple

（17）NJ1031：由美国新泽西州立大学最新育成的绿芦笋全雄品种，在品比试验中表现生长势很强，出茎率较高，植株高大，可达2米。嫩茎深绿，粗细均匀，整齐一致，笋条顺直，嫩茎顶端较长，纺锤形。鳞片包裹紧密，粗壮，一级品率高。枝丛活力较高，第一分枝高，达到50厘米，在高温条件下散头率低。植株抗病性较强，对叶枯病、锈病高抗，对我国发病较重的根腐病、茎枯病有较高的抗性。植株前期生长势中等，成年期生长势强，抽茎多，产量高，质量好，一、二级品率可达80%。NJ1031在我国北方地区定植后第二年亩产可达450～500公斤，成年笋亩产可达1000～1300公斤。种植密度以每亩1600～1800株为宜，密度太大，芦笋嫩茎的粗度则会下降。是目前不多的几个抗病高产优良全雄品种（图1-33）。

图1-33　NJ1031

（18）台南三号（Tainan No.3）：由我国台南地区农业改良场以集团选拔的方法，从加州大学711中选出。第一分枝高度49.3厘米，嫩茎顶部鳞片抱合紧密，不易散头，大小整齐，形状端正。植株生长势较强，起产早，丰产性好。嫩茎粗细中等，质地细嫩，纤维含量少，品质优良。不抗叶斑病，对根腐病、茎枯病有一定耐病性。较耐高温高湿，休眠期短，为良好的保护地种植品种。在我国北方地区定植后第二年亩产可达150～250公斤，成年笋亩产可达700～850公斤（图1-34）。

图1-34 台南三号

（19）阿波罗（Apollo）：美国加利福尼亚芦笋种子公司选育出的生长势很强的无性 $F_1$ 代杂交种。嫩茎肥大适中，平均茎粗1.59厘米，整齐，质地细嫩，纤维含量少。第一分枝高度56厘米，嫩茎圆柱形，顶端微细。鳞芽包裹得非常紧密，笋尖圆形，光滑美观，在较高温下，散头率也较低。嫩茎颜色深绿，笋尖鳞芽上端和笋的出土部分颜色微微发紫。外形与品质均佳，在国际市场上极受欢迎，是速冻出口的最佳品种。抗病能力较强，不易染病，对叶枯病、锈病高抗，对根腐病、茎枯病有较高的耐病性。植株前期生长势中等，成年期生长势强，抽茎多，产量高，质量好，一、二级品率可达80%。在北方地区定植后第二年亩产可达300~350公斤，成年笋亩产可达1200~1500公斤。但该品种为普通雌雄混合杂交种，成年期产量、抗病性不如全雄品种。目前国内假F₁代种子泛滥，国内销售的阿波罗（Apollo）70%是假种子，对品种声誉造成极大影响，笋农们购买种子要十分小心（图1-35）。

图1-35 Apollo F₁

（20）UC157 F₁：1976年由加利福尼亚大学向加利福尼亚芦笋界推广，1982年由加利福尼亚芦笋种子种苗公司向国际芦笋界推广，是世界上第一个商业上可利用的无性系杂交F₁代种。UC157 F₁是一个标准的绿芦笋杂交品种，嫩茎圆柱形，粗细适中，平均茎粗1.46厘米，整齐，质地细嫩，纤维含量少。笋头平滑光亮，顶端微细，鳞芽包裹得非常紧密。UC157 $F_1$嫩茎颜色深绿，绿色部分可占98%以上，外形与品质均佳，在国际市场上深受欢迎，是速冻出口的较理想品种。笋尖包裹得很紧，且不易开散，对收获期间的温度要求较宽，能适应在较大的区域范围内种植。生长势很强，第一分枝高度52厘米。

　　但该品种抗病能力较弱，易染叶枯病、锈病，对根腐病、茎枯病无抵抗能力。植株前期生长势中等，成年期生长势较强。在北方地区定植后第二年亩产可达150～200公斤，成年笋亩产可达650～800公斤（图1-36）。

图1-36　UC157

## 二、减少病原菌基数是体系的首要因素

芦笋病害的侵染、传播、大流行取决于四个因素，当这四个因素重合时，病菌就会迅速侵染传播。这四个因素是：较大的湿度包括雨水、灌溉水、露水；适宜的温度，一般在15～30℃最适合病菌的侵染和繁殖；足够的病菌基数和可侵染的载体，芦笋嫩茎、大量的自生苗是茎枯病菌最易侵染的载体。这四个要素中的任意一个要素受到抑制，都可以使病害得到控制，减少或阻断病害的传播和流行。四个要素中病菌基数最关键，因此如何减少病菌基数就成了防治芦笋病害的首要问题。

### 1.种子灭菌

种子带菌是个很普遍的问题，在我国这样一个大量采用$F_2$代种子的芦笋产区，这个问题更加严重。2003年我们检测了来自不同渠道的10个$F_2$代种子样本(品种为从美国进口的UC800、UC72、UC157$F_2$)，结果有9个样品不同程度带菌，甚至有3个样品带有芦笋2号病毒。这样的种子若不加任何处理育苗，结果是幼苗还没出圃，就病得一塌糊涂，只好全部毁掉。因此除了必须购买正规芦笋育种公司出售的$F_1$代种子，签订种子不携带病菌病毒的合同条款外，种子消毒灭菌是减少病菌基数的第一关（图1-37）。

种子处理的主要目的是根除任何在种子表皮上存留的病原菌。杀灭种皮上的病原菌最有效的方法，是用10%的家庭漂白粉溶液浸泡种子10～15分钟。家庭漂白粉的活性成分是次氯酸钠（5.25%），这样处理可以杀除 99.9%的存在于种子表皮的任何真菌。第二种方法是用26

克的苯菌灵，溶解在 1 升丙酮溶液中，配制成丙酮苯菌灵溶液，将种子浸在丙酮苯菌灵溶液中 10 分钟，浸种过程需要不停地搅动，然后用清水漂清和晾干。第三种方法是用50%多菌灵溶液浸种12小时后用清水漂清和晾干，这些措施可以有效消灭各种病原菌（图1-38）。

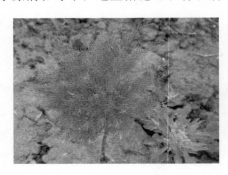

图1-37　幼苗带菌

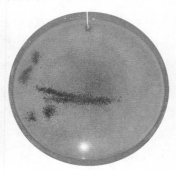

图1-38　种子消毒

## 2.田间菌株控制

田间菌株的有效控制是减少病菌基数最重要的一个环节，也是病菌积累的最初环节，把握好这个环节，及时地发现病株、清除病株，可以有效地防止病菌扩散。

病菌的初侵染是有条件的，病菌生长的适宜温度范围是23～26℃，在35℃以上或10℃以下，分生孢子不萌发。春季气温的高低与发病早晚密切相关，7、8、9月份高温高湿，正是芦笋营养生长阶段，也是病菌侵染传播高峰期。病株率基本是随降雨次数的增加而增加，每次雨后10天，田间就出现一次发病高峰。这时应特别注意田间的病情调查，第一时间发现病株，及时清除（图1-39）。

春夏期间第一次侵染源一般来自越冬分生孢子，病原菌以分生孢子器在病残株上或土中越冬，春夏温度、湿度适宜时，由孢子器中飞

图1-39　幼苗初感染

出分生孢子通过雨水和耕作工具等多种传播途径传播。初次侵害嫩茎以后从成熟的分生孢子器中放出的孢子被雨水冲走，借气流及雨水反溅，对芦笋茎基部造成继发性感染。病菌于茎幼嫩时最易入侵，一般在嫩茎长出10天以内感染率最高。在芦笋整个生长季节，病菌可进行10多次反复侵染。能及时清除初次被侵害的嫩茎和实生幼苗，并将病株迅速带出笋园，将其晒干、烧毁，对于减少病原菌来说是十分重要的，是最重要的疾病控制措施。

　　田间菌株的控制与田间管理水平密切相关，搞好夏季笋田的管理，减少发病因素，雨季要注意排涝，防止大田积水。适时中耕除草并及时清除病茎，控制笋田的母茎留量，一般1.2厘米粗的母茎，每15平方米不超过120个，多余的要疏掉。定植后第二年的笋田切忌套种其他作物，以防田间郁蔽，通风、透光不良。合理调整采收期，使嫩茎大量出土与梅雨期错开，多余的或病劣的嫩茎，应及时拔除，减轻病菌感染和推迟发病。合理施肥，重视有机肥和适量钾、磷肥的施入，控制氮肥施用量，促使植株健壮生长，提高抗病能力。

　　芦笋嫩茎是茎枯病菌最易侵染的载体，因此在雨季，刚刚出土的嫩茎在雨水的"帮助"下，很容易感染上茎枯病菌，并传播开来。因此如能在雨季坚持采笋，就把茎枯病传播的载体去掉了。这样不仅抑制了茎枯病的传播，还增加了产量，卖了钱，真是一举两得（图1-40）。

在田间菌株控制不利，茎枯病严重发生，感染率超过60%的地块，大量的带病菌株迅速繁殖，继发感染，7月份芦笋枝叶就枯黄了。这样的地块，为了挽救笋园，切断病菌传播途径，减少病源基数，在7月底8月初采取将全田芦笋枝叶全部割掉，运出笋园后彻底销毁，让新茎长出，并加强管理打药，保护新茎生长到10月份。这种夏季清园换头的方法，在重病笋园是一种不得已的挽救方法，可减少病原菌基数，但对来年产量影响极大（图1-41）。

图1-40 拔除菌株

图1-41 夏季割除病株

### 3.冬季清园灭菌

冬前彻底清园灭菌对减少病源基数具有重大意义，芦笋的所有栽培措施，都要围绕着防病高产这个中心目标去制定。冬季清园是芦笋防病的最关键环节，清园是否及时，是否彻底，对第二年芦笋茎枯病发病率起决定作用。防治芦笋茎枯病的最佳途径是压低笋园病原菌的基数，而减少病原菌基数的最有效方法就是彻底清园，因此冬季彻底清园是来年高产稳产减少茎枯病最廉价有效的手段（图1-42，图1-43）。

图1-42 冬季田间存在大量病枝

图1-43 清园前的残枝

入冬前的笋园聚集了大量病菌，8、9月份是芦笋茎枯病的发病高峰，严重的地块，到9月份芦笋茎叶就都枯黄，这时大量的病菌孢子藏在病茎的孢子囊中，这些患病的枝叶散落在田间，夏季换头割下的芦笋残枝病叶堆积在地头，携带大量病菌的枝叶散落田间。经过一年的积累，笋园中积累了各种病害残枝，这些病菌在笋园中越冬，并随冬季大风刮散，成为第二年的巨大隐患。一旦第二年温度高雨水勤，就成为主要初侵染源，为茎枯病的大发生创造了条件（图1-44）。

图1-44 冬季清园的最佳时间

每一个病枝中，都存有上万个病菌孢子体，在来年的10个月中遇到雨水就不断地释放出病菌，成为侵染芦笋幼茎的病原菌。它的间断性、持续性、遇水激活特性是芦笋茎枯病难防治的关键。感病残枝上的病菌孢子囊在田间条件下可存活2年以上，在发病条件重合的任何时间，都可释放出病菌孢子体，感染芦笋幼茎和实生苗。因此在冬季把这些患病的枝叶彻底清除出笋园，深埋或烧掉是减少病菌基数最有效的方法。

冬季清园的最佳时间是每年的11月底，日平均气温降到5℃以下，芦笋茎叶自然落黄，茎秆开始变黄但没有失去韧性，茎秆没有折断，针叶还未大量落地，此时清园最有利于将大量病残枝运出芦笋田，达到压低病原菌基数的目的（图1-45）。

图1-45 冬季清园

许多笋农秋季不清园，甚至连芦笋茎秆也不收割任其过冬，到第二年的春天再开始清园。这种做法是非常错误的，它可以使大量病枝携带的分生孢子散落到土壤中，不仅增加了病原菌的数量，也大大增加了清园的难度。

彻底清园要有正确方法，每年11月末，当芦笋秧开始变黄，但不要等到茎秆变干，用铁锹或锄头从地下5厘米左右处，铲断芦笋的根茎部，使芦笋整棵倒下。由于正常的芦笋根盘深埋在15～20厘米处，正确操作不会伤及根盘。将铲断的芦笋秧棵用绳子捆好，整株清除出笋园，进行处理。然后，再将地面整个捡拾一遍，把一些遗漏在地里的病枝拾起，带出笋园烧掉。芦笋茎叶可粉碎，是极好的饲料，也可作燃料等。如果冬季清园的时机掌握得好，清得彻底，然后加上土壤灭菌，就可以消灭掉80%的菌源，使第二年茎枯病的发生率大大降低（图1-46，图1-47）。

清园后，浇冻水前以及第二年开春出笋前，进行三次彻底的土壤消毒。清园后，用抑菌净500倍液加0.4%波尔多液（即0.2公斤硫酸

图1-46 整株清除出笋园进行处理

图1-47 铲断芦笋的根茎部使芦笋整棵倒下

铜＋0.2公斤生石灰＋50公斤水）进行第一次土壤消毒。然后在浇冻水前，要进一步彻底清理畦面，把散落的残枝捡干净，清除杂草。在畦埂上开沟增施有机肥后，将畦埂培高5厘米，用平耙将畦面整平。施肥后的畦面经清理后，表土层经过了翻动，病菌和虫卵浮上表面，因此在入冬前应喷打第二次杀虫剂和灭菌剂。第二年开春出笋前应进行第三次土壤消毒，用抑菌净500倍液加45%多菌灵500倍药液喷洒全田进行土壤消毒（图1-48）。

图1-48 冬季清园田间灭菌

### 4.药剂土壤消毒灭菌

药剂防治应贯彻"防重于治"的原则，由于芦笋病害的病原菌主要是土传病害，存在于土表和埋于浅层土壤内的病残枝上越冬，病原菌基数越高，来年发病率越高。控制病害最有效的措施，是压缩菌源基数。彻底清园并进行土壤消毒灭菌是压缩菌源基数降低初次侵染菌源、控制发病的重要环节。清园时，用250倍16%抑菌净药液进行土壤消毒灭菌。在早春采笋前、选留母茎时用500倍16%抑菌净药液全田各喷一次。在发病初期可用16%抑菌净500倍液浇根盘及周围的土壤，以杀死土中病菌（图1-49）。

嫩茎抽发后要及时喷药，才能收到良好效果。喷药一定要均匀，以喷洒嫩茎、茎枝为主，切不可只喷枝叶。发病初期5~7天喷一次，发病高峰期1~3天喷一遍。喷药后4小时内遇雨，应重喷。为避免产生抗药性，可选用2~3种药剂轮换使用。生产中用于防治茎枯病的药剂主要有：50%多菌灵500~600倍液，用于土壤消毒和发病期间喷洒；0.4%波尔多液（即0.2公斤硫酸铜＋0.2公斤生石灰＋50公斤水）喷洒，用于清园后土壤消毒；氢氧化铜：1.0~1.4公斤／公顷的施用比例加入足够的水以完全覆盖芦笋株丛（图1-50）。

图1-49 田间灭菌

图1-50 春季田间土壤灭菌

## 三、现代栽培管理技术是体系减少发病的保障

### 1.科学合理的留母茎采收技术

芦笋是百合科的多年生草本蔬菜作物，头年植株营养生长积累的养分储存在地下贮藏根中，供下一年笋的生长，采笋收获产量及生长新植株的过程，是积累养分的消耗。养分积累与消耗的动态平衡是维系芦笋整个生命过程的必需。对于芦笋来说，光积累不消耗，光营养生长不采笋，会抑制根茎盘潜伏鳞芽群的生长。同时由于植株太繁茂，田间郁闭不透光，病害发生严重，生长受阻。不顾积累状况过分采收，使根部养分消耗过多，也破坏了这个平衡，植株生长瘦弱，病菌借机侵入，也造成病害发生。科学合理的留母茎采收，是维系这个动态平衡的有效方法，也是芦笋现代栽培管理技术重要一环（图1-51）。

**图1-51 春季田间大群体**

成年笋田什么时候开始留母茎，要根据前一年芦笋的长势、病害发生情况、天气情况等因素来决定。首先要看前一年的生长情况来决定当年的采收天数。去年秋茎萌发多，长势健壮，没有发生什么病害，当年的采收天数就可以多一些。一般生长正常的3年生芦笋，当年可以采收50~60天，具体哪天停采开始留母茎，可以借助于平均单笋重

来决定。在春季芦笋刚开始采收时，随机取100根芦笋嫩茎，25厘米长切齐，称重计算平均单笋重。在芦笋采收期间，平均单笋重是比较稳定的，每隔5天测一次，当发现平均单笋重急剧下降时，则是说明芦笋植株养分消耗达到临界点，此时应停采开始留母茎。

另一种直观的方法是，测量芦笋嫩茎的粗度。当大多数新出的嫩茎粗度在1厘米时，此时留母茎最好。留母茎的数量以每15平方米，留粗度1厘米左右的母茎110个。一般来说是每株留3个茎（图1-52）。

留母茎的时间还要考虑天气因素，因为芦笋的最大病害茎枯病的侵染和传播需要湿度，而病原菌侵染的最初载体就是大量的芦笋嫩茎。在阴雨天留母茎，使湿度和病原菌侵染的载体重合，加上温度适宜，这几个因素吻合在一起，茎枯病就会大量发生，母茎存活不了几天就会死亡。因此留母茎时应该充分考虑天气因素，选近10天没有降雨的天气开始留茎。如留茎期间下雨，应配合药剂防治芦笋茎枯病（图1-53）。

图1-52 春季留茎采笋前　　　　　　图1-53 春季留茎要充分考虑天气

## 2.培育多年可持续高产的适度母茎群体技术

芦笋的生育特性是多年生，每年的生长状况受上年影响，且影响下年。对芦笋产量的要求是多年可持续高产。多年生作物的特点是今年的营养生长要为明年打基础，一年内不同芦笋生育阶段，处于不同温湿度环境下，生长指标也不一样。为了多年可持续高产、防病的总目标，不同生育阶段要保持适度的母茎群体，才能为可持续高产打下基础（图1-54）。

生育指数是指芦笋生产

图1-54 春季保持适度母茎群体

图1-55 多余嫩茎继续采收

田，每平方米面积上的地上茎的茎数×株高×茎粗的数值。芦笋不同生长季节，最佳高产防病生育指数不同，春季采笋结束留起母茎，此时生育指数最低，大约在1500～2000。夏季高温多雨，湿度大，易感染病害，生育指数不易太高，在3000左右合适。秋季地上部茎枝应达到每平方米30～40枝，株高180厘米以上，茎粗直径1.2厘米左右，为5500以上，达到最高点。但达到这样的生育指数的早晚，因各地气候条件及有效生育期的长短而有差别（图1-55）。

夏、秋高温多雨，不宜过早形成繁茂的茎枝体系，否则田间通风透光不良，湿度大，易遭病害，甚至毁灭田园。一般6～7月间应控制地上茎的形成，每株丛第一批地上茎只许保留3～5本，应注意保留1厘米粗以上的健壮母茎，对于弯曲、细小、有病斑的弱茎，应予以剔除。第二批新茎形成时，可保留到6～10本。待秋后气候转凉，病害盛发期已过，才可任地上茎自由发生，以达到形成繁茂的茎叶体系的目的（图1-56，图1-57）。

图1-56 夏季带母茎采收　　　　　　　图1-57 保持适度母茎群体

　　在无霜期长的地区，采收结束后有很长的有效生育期，若任其自然生长，在夏季的气候条件下，就形成了繁茂的茎枝，而且还要经过连续多次反复形成新的茎枝，这就会使田间株丛茎叶生长过于繁茂。在此种情况下，应在早期删去部分地上茎，以减少同化产物，控制株丛的发育进程，避免株丛生长过于繁茂。过多茎枝疏删的程度和次数，应视株丛养育期的长短及气候的变化，和病害发生情况而定。一般养育期越长，删割次数也越多，早期留养的母茎也要少一些。但至下霜前2个月，每株应形成10本左右的地上茎，即每平方米有地上茎30～40本，不能再继续疏删，否则会促进新茎的发生，消耗同化养分。如株丛养育期长，而气候干旱，地上茎长得少，就不需要疏删（图1-58，图1-59）。

　　疏删应在新茎刚长出地面不久时进行，首先割除弯曲、细弱、有病虫的茎，保留茎秆粗壮、挺拔、无病虫伤害的茎，并注意座落位置要分布合理。温暖地带7～8月间高温条件下，应停止疏删，否则易遭受立枯病、软腐病的危害（图1-60）。

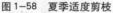

图1-58　夏季适度剪枝

图1-59　夏季适度修剪母茎

在夏季对芦笋植株进行整枝和疏花疏果，也是一种减少枝叶、改善田间通风透光条件、控制株丛生长发育、预防病害蔓延的措施。一般盛夏期间，由于温度高不允许疏删母茎，而田间枝叶繁茂，易使中下部叶子发黄，又不利于喷药防病，在这种情况下，可疏删80厘米以下的侧枝和短截修剪侧枝。雌株上着生的大量果实，要夺走大量的同化养分，摘除雌花或幼果就可减少养分消耗，使产量增加。但这项工作十分繁琐，通常只在留母茎采收的情况下，才摘除母茎上的雌花或幼果（图1-61）。

图1-60　夏季适度疏删母茎

图1-61　夏季适度疏果

芦笋是多年生蔬菜作物，前一年的夏秋季芦笋生长植株，芦笋的枝叶进行光合作用，积累同化产物。8、9月间芦笋地上部形成繁茂的植株，同化面积增大。由于温度逐渐降低，呼吸作用减弱，光合能力日渐增强，这时芦笋进入同化养分积累的盛期。在此期间，茎叶通过光合作用所形成的同化养分源源不断地贮藏于地下贮藏根中。因此贮藏根的重量及贮藏根中的总糖含量的80%以上是在8~10月积累的。越冬前芦笋茎叶中的养分，随着温度的降低，逐渐全部转移到贮藏根中。到了第二年春天，储存在根部的碳水化合物被重新分配给植株的地上部分，新出土的芦笋嫩茎占了很大比例（图1-62）。

图1-62　秋季保持大群体

由此可以看出，越冬前或者说9、10月芦笋茎叶的长势，决定芦笋贮藏根中积累养分的多少，也决定了芦笋根盘上鳞芽发育的好坏。实际上这些因素就是第二年芦笋嫩茎发生多少的基础，也就是产量的基础（图1-63，图1-64）。

图1-63　秋季群体是明年产量的标志

图1-64　丰产的秋季群体长势

### 3.科学高效适时的防病施肥技术

芦笋科学高效适时的施肥技术,对防病高产具有举足轻重的作用。施肥的时间、肥料的种类、施肥的数量、微量元素肥料的配合使用、缺素症的及时诊治,都对芦笋植株的生长势、芦笋茎秆细胞结构、芦笋植株的抗病能力产生重要影响。

芦笋定植后应该怎样施肥,间隔多长时间施一次肥料比较好,对幼年芦笋的防病有重要影响。

芦笋定植时,地上部分只有3个茎,地下根系还未建成,这时候由于定植时的人工操作,茎和根系都受到一定的损伤,需要一定时间的恢复,这就是所说的缓苗期,因此定植后的1个月一般只需要浇水、松土、除草、防治虫害,而不需要施肥。如果此时大量施肥,等于是拔苗助长,适得其反(图1-65)。

**图1-65 苗期施肥**

芦笋定植后1个月,幼苗根系已经恢复,新吸收根长出,第四、第五茎开始出土,此时急需矿质营养促进芦笋幼苗快速生长。但幼苗的根系统刚刚建立,吸收根不长,同时定植时施用的底肥,此时还借不上劲,因此幼苗田急需补充少量速效性氮肥,一般每亩施5~6公斤尿素即可。定植40天后,幼苗生长明显加快,基本每月都有新茎长出,而且越来越粗,生长势很强,需肥量也越来越大。此时应每月施一次肥,以尿素配合氯化钾为主,定植后第二个月,每亩尿素6~7公斤、氯化钾3~4公斤。此后每月施一次肥,施肥量逐渐加大,一般在前月施肥量基础上,尿素、氯化钾各增加1公斤。如果生长正常，没有病虫害、草害发生，管理到位，一般施够5次肥，芦笋生长就很旺盛了，新茎粗度可达1.2厘米以上。此时可以考虑试采收，初见效益（图1-66）。

图1-66 重施氮钾肥

对于成年采笋田来说，科学的施肥时期和施肥量，首先应以芦笋植株的年生长发育规律及其吸肥规律为依据。一般芦笋冬季处于休眠状态，基本不吸收矿质养料，春天到来休眠期通过后，随着春季土温的回升，鳞芽开始萌动，随后贮藏根伸长，在老的部位发生新的吸收根，并抽生嫩茎，地下茎也随之延伸，同时长出新的贮藏根，此时已开始从土壤中吸收矿质营养。但由于幼茎在将要伸出土面时被采割（白芦笋）或在伸出土面不久被采割（绿芦笋），使新根的发生和生长都受到很大抑制。因此，在嫩茎采收期间植株的生长量不大，所需的矿质营养不多，且根系吸收力较弱，吸收养分也不多。而当采收结束以后，形成地上茎叶的时期中，则由于茎叶的生长和大量新根的发生和生长，不仅需要大量有机营养，而且还要大量矿质营养；同时由于大量新根形成，植株的吸收机能也大大加强。

明白了芦笋春季的生长发育规律，我们就知道春季芦笋应如何施肥。正确的春季第一次施肥应该在停采前15天，采收期间芦笋地上部分光合作用很弱，地下根系生长缓慢，一般采收期间不需要施肥。但等到停采后再施肥又有点晚，化肥有一定的肥效释放期，所以春季第一次施肥应该在停采前15天，以氮钾肥为主。

芦笋是多年生蔬菜作物，第二年的产量主要取决于当年8～10月份100天左右的时间，芦笋植株同化养分的积累和转化。这个时期植株生长势强，根株高大繁茂，则光合作用强度大，积累多。芦笋的这个生育时期称为同化养分积累期。

这个时期，春夏季留起的母茎，光合作用强度已逐渐减弱，积累逐渐减少。要想加大积累强度，主要依靠秋季新形成的茎枝叶光合作用来获得，因此在秋茎萌发之前应重施秋发肥，以促进秋茎的萌发和生长，同时可防止春夏季留起的母茎早衰，达到提高其光合强度的目的（图1-67）。

**图1-67 重施有机肥**

## 4.高产高效设施化防病栽培管理技术

近些年来不管是在日本还是在欧洲，到处都可以看到设施化栽培的芦笋，日光温室周年生产、春秋塑料大棚避雨栽培、高产高效的加温自动控湿的高级联栋塑料大棚、大面积支架栽培的高产笋田比比皆是。设施化防病栽培是芦笋产业发展的方向，在设施化栽培条件下，芦笋产量高，质量好，病虫害少，经济效益很高。荷兰的高产高效大棚亩产可达3000公斤，日本的联栋塑料大棚防雨防病，可解决不断泛滥的茎枯病传播难题，大面积支架栽培，利于通风透光，高产高效，同时利于采收（图1-68，图1-69）。

图1-68　欧洲高产大棚

图1-69　日光温室芦笋

（1）日光温室周年栽培：我国自行设计的全新刘氏悬索型薄膜节能经济型温室，经济实惠，将中国传统温室的优点与哥伦比亚温室、以色列现代温室的先进技术融合在一起，独创而成的新一代中国温室。适合芦笋产业化栽培，达到高产高效的目的（图1-70，图1-71）。

图1-70　日光温室芦笋春季采收

图1-71　刘氏日光温室

芦笋是一种高效益绿色经济作物，但露地生产的芦笋有一定的季节性，人们无法周年吃到新鲜美味的鲜芦笋。近年来世界芦笋产业都在向周年化、设施化方向发展，以便能提高芦笋产量和常年鲜品供应市场。我国北方地区芦笋生产季节短、鲜笋供应市场时间集中，仅两三个月时间，不能满足日益增长的市场需求。北方地区日光温室大棚，因其保温条件明显优于露地，且可以附设人工加温设施，覆膜保温时期早，植株萌芽早，采收始期一般比露地早80~100天，可在新年和春节期间供应市场，芦笋品质好，价值高。而且日光温室生产芦笋，出笋时间可以达到8~9个月，产量高、利润大。最重要的是温室栽培的芦笋环境条件比较容易控制，温度、水分、空气、光照、病原菌都较露地栽培的芦笋好控制，因此温室绿芦笋高产防病栽培有其自己的优势（图1-72，图1-73）。

图1-72 高光照日光温室

图1-73 温室效果图

（2）春秋塑料大棚保护地栽培：塑料大棚避雨栽培芦笋，在日本、东南亚、我国南方省份等芦笋茎枯病严重发生的地区，是防病高产的首要采用措施。塑料大棚不仅可以在早春提高地温，植株萌芽早，采收始期一般比露地早30~40天，晚秋保温保湿延长芦笋的营养生长，一般比露地延长生育期40~50天，产量提高20%~30%（图1-74，图1-75）。

图1-74　大棚芦笋

图1-75　日光大棚芦笋

在夏季塑料大棚可以起到避雨栽培的作用，茎枯病的传播侵染都离不开水，雨水滴溅是茎枯病菌传播的重要途径。夏季塑料大棚仅将四周塑料薄膜去掉，通风透气，大棚顶部塑料薄膜不去掉，留天窗晴天打开通风换气，遇雨关闭，使芦笋有效地避雨栽培，夏季芦笋茎枯病多发期得到控制（图1-76，图1-77）。

图1-76　春秋塑料大棚芦笋

图1-77　塑料大棚芦笋间作

（3）高产营养土大棚栽培：目前在欧洲推广一种高产高效的塑料大棚，亩产可达3000公斤。塑料大棚内建起宽1.5米、高1米、长50米的，用保温素材围起的营养栽培池，内填用腐殖土、木屑、珍珠岩、腐熟有机肥配成的营养土。土中贯穿保温水管和滴灌管，起到灌溉保湿保温的作用。这种高产高效的塑料大棚最大限度地调节水、土、气、温度、光照、营养素的有机配合，使芦笋处于最佳的生长状态，芦笋产量高、品质更好，加上最好的抗病高产全雄品种，是高产防病的典范（图1-78～图1-80）。

图1-78 欧洲高产塑料大棚

图1-79 营养土塑料大棚芦笋栽培

图1-80 营养土管道加温大棚芦笋

（4）露地大面积支架栽培：芦笋在夏季生长茎叶期间，枝叶繁茂的F₁代杂交种，单茎株高可达2米。如不进行支架栽培，很容易倒伏、折断，东倒西歪的植株严重妨碍除草、采笋、打药等操作。芦笋支架栽培有太多的好处，它使芦笋的光合面积增加1倍，光合效率提高40%，自然产量也大大提高。支架后，芦笋不倒伏了，使田间管理变得容易得多了。同时田间通风透光条件得到改善，地表面的湿气可以比较快地散开，减少了病菌感染的几率。支架栽培的芦笋比较利于夏笋的采收，新出来的嫩茎，有上面枝叶的遮荫，丧失水分比较少，显得翠绿鲜嫩，品质比较好。可以大大增加夏笋的产量，由于采收了雨季的嫩茎，大大减少芦笋茎枯病的发生和传播。

芦笋支架栽培很简单，在芦笋行中每隔3米插一根1.5米高的竹竿或木棍，用绳子或塑料绳双向将芦笋夹在中间，使茎叶不倒伏即可（图1-81，图1-82）。

图1-81　大面积支架栽培　　　　图1-82　支架栽培芦笋防倒伏

留母茎采收时，株丛上只留有2～3本母茎，生育期长的地方，在株丛养育前期疏了部分地上茎，使植株难以相互依靠，均易发生倒伏，因此需要立支架拢住母茎，防止倒伏。立支架后可确保行间畅通，有利于实施喷药防病等田间作业。露地栽培，应每隔2米立1.5米高的塑料管，当地上茎形成时，以尼龙绳（带）拢住两桩之间的地上茎。切不可将每个株丛茎捆扎在一起，而要让芦笋枝叶自然展开。培土工作都在采收期结束后的中耕时进行（图1-83）。

（5）芦笋高产防病的滴灌栽培：滴灌系统是通过既可以放在地表

也可以埋入地下的滴灌管，在管上隔一段距离设置一个发射器滴水，为芦笋均匀供水的系统。利用滴灌为芦笋补充水分，对我国北方半干旱地区来说是最好的灌溉方式。第一，滴灌容易控制水量，滴管的长度、滴孔的数量、每个滴头每分钟滴多少水都可设定，只要制定出灌溉计划，滴灌的水量很容易控制。第二，使用滴灌系统，一些坡地、丘陵地都可以种植芦笋。第三，滴灌系统供水、供肥、施药可以同时进行，节水、节肥、节省人工（图1-84）。

图1-83　立支架时要让枝叶仍自然展开　　　图1-84　滴灌栽培

　　最重要的是滴灌可以为芦笋根系提供一个常湿润的土壤环境，避免了灌溉造成土壤大干大湿的情况，有利于芦笋的生长。同时滴灌可以避免病菌借灌溉时的水流传播，还可以在滴灌时加入杀菌剂，杀死根际周围表土的病菌，对防病有极大的好处。滴灌管沿途湿润的地表利于杂草生长，可以利用除草剂来防除杂草（图1-85）。

　　（6）覆黑色地膜防病防草：目前很多地方推广芦笋行间黑色地膜覆盖技术，有很好的防草防病效果。黑色地膜覆盖每亩地每年只需60～80元，却能产生极大的效果。且不说由于遮盖了地表，杂草不得生长，节约了大量的除草人工或化学除草药剂费用，单说由于遮盖阻断了在地表的茎枯病菌借水流、气流、机械作业流动传播的渠道，使茎枯病发病率大大降低，减少了大批农药的使用成本。仅此一项，每年可减少农药使用费100～200元。减少了农药使用，降低了农残，提高了芦笋产品质量，增强产品出口竞争力。芦笋茎枯病得到抑制，产量持续增加，几十元的地膜成本就算不了什么了（图1-86，图1-87）。

图1-85　大棚芦笋滴灌栽培

图1-86　芦笋黑色薄膜覆盖栽培

图1-87　黑色薄膜覆盖防病防草

## 四、无公害药剂防治技术是体系的一个辅助环节

### 1.选好低毒无公害药剂

目前，随着化学农药的大量使用，农药残留问题日益引起人们的

注意，人们对无公害芦笋的呼声越来越高，为从源头上解决芦笋农药残留超标问题，在使用非药剂防治病虫的同时，如何科学合理地选择化学农药，将农药残留控制在允许的水平以下，发展绿色农业，已成为关键问题。

绿色无公害芦笋生产对必需使用的农药有严格的要求：

（1）使用的农药应具有高效、速效性。

（2）安全性：包括低毒、低残留，药剂可在自然界迅速消解（如水解、光解或微生物分解），不污染环境，对芦笋不产生药害。

（3）广谱性：对多种类真菌、细菌有效。

适用于无公害蔬菜生产的农药类别：

（1）生物农药。生物农药是对害虫具有控制特效，且安全性极高的农药，具有高效、低毒、无残留，抗药性慢等特点。如细菌杀虫剂Bt（苏云金杆菌微生物杀虫剂）、阿维菌素、烟参碱植物杀虫剂；真菌杀虫剂（白僵菌）；昆虫病毒杀虫剂及昆虫信息素类（如性诱剂）。

（2）现代概念的植物源农药。即对害虫有拒食、驱避、阻碍发育，干扰生殖等特异作用的植物提取物（如印楝素、川楝素）。

（3）昆虫生长调节剂，可通过阻碍害虫脱皮，干扰发育起到控制作用，对人及高等动物无害，对天敌影响小，对环境安全，如抑太保、除虫脲、扑虱灵等已广泛应用，新品种如灭蝇胺、米满也已开始推广。

（4）高效、速效。低残留药剂如拟除虫菊酯类，特别是一些新品种，如四溴菊酯防治蔬菜害虫稀释浓度可达 8000~10000 倍，且低残留，安全间隔期短。

（5）新型杀虫剂。这类杀虫剂的结构、作用机理独特，对抗性害虫高效，如吡虫啉已广泛应用。又如阿克泰是新一代的强内吸、低毒、高效杀虫剂，防治粉虱具有特效，稀释浓度提高达 5000 倍。

（6）新型抗生素类制剂。如多杀霉素对抗性蔬菜害虫具有高效性和速效性，但对人和高等动物非常安全，且安全间隔期短，非常适合在菜田中使用。

（7）高效速效强选择性药剂。如氨基甲酸酯类的抗蚜威只对蚜虫表现出高效（具有触杀、胃毒、熏蒸三重作用），而对其他生物无伤害，并且残效期短，对作物和天敌安全，是生产无公害蔬菜、维护菜田生态平衡的理想药剂。

### 2.掌握好施药时间和浓度

在防治芦笋病虫害时，农药使用过程中存在许多错误的做法：

（1）防治对象不明确：芦笋生长期中往往是几种病虫同时发生，不了解各种病虫的生物学及生活习性而滥用农药，如用拟除虫菊酯防治红蜘蛛，甚至用杀虫剂防治茎枯病。

（2）掌握不好喷药时间：抓不住最佳防治时期有两种情况，一种是打药不及时，不见病虫不打药，看见病虫大量发生了再打药，以致延误了打药的最佳时间，以后虽连连用药，但收效甚微；另一种情况是不按指标用药，见虫就治，在芦笋生长期间，随时都可见少数病斑或害虫，见虫就治，见病就防，有虫无虫打保险药、放心药，浪费人力、财力。

（3）喷药质量太差：打药时怕费力，图省事，药液布不到位、不均匀，植株内膛、叶背面往往不着药，有的随意加大喷雾器片口径，甚至将片去掉，使喷出的药液不均匀接触植株或虫体，这样就难以获得较好的防治效果。

（4）不管天气、时间随意用药：不顾高温、高湿、刮风等天气，随意打药造成防治效果差，甚至发生药害或使人员中毒。

（5）错误用药使害虫产生抗药性：第一，用药品种单一，发现某种农药效果好就长期使用，使害虫很快产生抗药性；第二，随意加大用药浓度和药量，许多人认为某药使用后2～3分钟见虫死就认为该药或浓度有效，否则加大用药量，结果使害虫很快产生抗药性。

（6）药物混配不当：不清楚农药的特性与功能，盲目混配，导致药效降低或发生药害。

（7）忽视生物控制作用：喷药不注意保护天敌，习惯用对硫磷等广谱性剧毒农药，造成大量杀伤天敌，尽管频繁用药，效果却不佳，并使害虫更加猖獗。

### 3.提高施药的技术，科学合理地使用农药

明确防治对象，正确选用药剂，做到对症下药：首先要了解田间发生的是病害还是虫害，是什么病或虫，同时要了解农药的特性、防治对象、使用方法和注意事项，根据病虫的种类及发生期、发育阶段，选用相应的农药种类、剂型和浓度，做到对症下药。

搞好预测预报，适时用药：预测预报是病虫害防治的基础，实际中应注意在详细调查和预测预报的基础上，确切了解病虫害的发生动态和规律，弄清影响其发生发展的各种因素，在确实需要时再进行施行。同时要考虑施药时间应是病虫生命史中的薄弱环节和尚未造成危害之际，如害虫三龄前的幼龄阶段以及虫量小、尚未开始大量取食危害之前是防治最佳时期，防治病害要抓住初侵染前或发病中心尚未蔓延流行之前进行。

提高喷药质量：根据病虫在植物上危害的不同部位，采用不同的施药方法或器械。如芦笋茎枯病，前期主要侵染茎基部，喷药要掌握将幼茎四周喷全，后期7、8月份，植株繁茂，病菌侵染茎秆及分枝，此时打药应按"先下后上，先内后外"的顺序进行，做到全棵植株喷药均匀周到，茎秆均匀着药液。此外，在喷雾时还必须注意喷雾的压

力要大，这样在植物上的展着性才好。

选好天气和时间： 打药要注意天气变化，尽量安排在好天进行，刮风下雨或即将下雨时不要打药，以免影响药效。

浓度和用量要适当：用药浓度和用量是根据科学试验结果和群众实践经验而制定的，因此要防止盲目加大药剂浓度和药量，防止定期普遍施药，防止配药时不称不量，随手配药的不合理做法。

科学施药：一是选用新型的施药器械。如泰山牌机动喷雾机，卫士牌、PB-16手动喷雾器等。这类喷雾器效率高、损耗低、效果好。目前大量使用的老式手动喷雾器"跑、冒、滴、漏"现象严重，损耗高、效率低，影响防治效果，应更新换代。二是用药量不能随意加大，严格按推荐用量使用。三是用水量要适宜，以保证药液能均匀周到地洒到作物上，用药液量视作物群体的大小及施药器械而定。四是对准靶标位置施药，如叶面害虫主要施药位置是茎叶部位，叶蛾类幼虫施药部位是茎秆的中下部，十四点负泥虫幼虫的施药部位是上部嫩叶部分。五是施药时间一般应避免晴热高温的中午，大风和下雨天气也不能施药。六是坚持"安全间隔期"，即在收笋前的一定时间内禁止施药。

### 4.适宜无公害药剂介绍

介绍几类蔬菜低毒杀菌剂：

（1）多菌灵加代森锰锌复配剂：适用于防治芦笋茎枯病、叶枯病、芦笋斑点病、芦笋立枯病、炭疽病等病害。

（2）加瑞农：对防治芦笋叶斑病、炭疽病等有较好的效果。

（3）普力克：可防治疫霉根腐病、紫纹羽病、芦笋叶枯病等叶部病害。如与非碱性杀菌剂混用，可扩大杀菌范围，提高防治效果。

（4）施保功：施保克与氯化锰的复配剂，是广谱性咪唑杀菌剂。可用于防治芦笋的褐斑病等其他病害。

（5）克露：克绝与代森锰锌复配制。对芦笋茎枯病、紫斑病、芦笋斑点病有效。一般使用72%的可湿性粉剂600～800倍液喷雾。

（6）抑菌净：可用于防治芦笋茎枯病、灰霉病、茎腐病等。

（7）DT杀菌剂（又名琥胶肥酸铜、二元铜）：可用于防治细菌性病害。如芦笋的细菌性茎腐病等。

（8）百菌通（DTMT）：DT杀菌剂与乙磷铝的复配剂。可用于防治芦笋炭疽病、细菌性叶斑病、枯萎病、青枯病。

# 第二章 芦笋主要病害防治

## 一、芦笋叶部病害防治

### 1.芦笋褐斑病的防治

（1）症状：褐斑病是芦笋主要病害之一。严重时可以造成植株生长不良，降低产量。该病主要危害芦笋的茎、枝和拟叶，但以小枝和拟叶为主。病斑初为褐色小斑点，后逐渐扩大成椭圆形或卵圆形。随着病斑的扩大，病斑中央由褐色变成灰白色，边缘紫红色，中央密布小黑点（分生孢子），潮湿时散出白粉状孢子。小枝感病后失水枯死，拟叶得病后导致早期枯黄脱落，病重时引起植株干枯死亡。田间诊断方法：用力刮病斑，若病菌局限在皮层扩散，刮去病斑又不见明显痕迹，即为褐斑病；如果皮层下病灶明显，即为茎枯病。

（2）发病原因：病菌在茎秆病残体上越冬，翌年春季温度升高时随气流传播。此病主要发生在芦笋的育苗期和定植大田不久的幼龄植株上。高温高湿时，分生孢子繁殖迅速，该病最易发生。温度在27～32℃时，病菌的繁殖最快，侵染最重。在我国北方地区，未采笋田，春季由于温度低，雨水少，发病很轻；进入雨季，温度高，湿度大，病害发生严重。采笋田一般在停采后1个月左右即7～9月份为发病高峰期。初期病症多在基部茎枝和根茎处，以后逐渐侵染到茎和枝条的末梢及拟叶。

（3）防治方法：选择土质疏松、肥沃、排灌方便的地块上栽培芦笋，在高温多雨季节，要注意及时排水并采取疏枝打杈、去除杂草等措施，以防止田间郁闭，改善通风、透光状况，从而降低大田湿度，减轻褐斑病的发生；要及时进行药剂防治。

防治褐斑病效果较好的药剂有：75%百菌清600～800倍液、50%多菌灵500～800倍液进行喷雾，一般10天左右喷一次，发病盛期可7天左右喷一次。40%多硫悬浮剂600倍液、14%络氨铜水剂300倍液、50%琥胶铜酸可湿性粉剂500倍液防治效果也不错（图2-1～图2-4）。

图2-1　芦笋褐斑病

图2-2　褐斑病局部特写

图2-3　褐斑病病茎

图2-4　褐斑病病斑

## 2.芦笋（匍柄霉）叶枯病的防治

芦笋叶枯病主要由匍柄霉菌引起的匍柄霉叶枯病，芦笋植株的拟叶很容易被多种病菌侵染、传播，被侵害的拟叶干枯、死亡，影响芦笋植株的养分积累和下一年产量。影响芦笋植株的病原菌随着植株所处的气候条件和土壤类型的不同有所变化。一般来说，如果环境相对湿度较高或者芦笋株丛上由于露水或喷灌，游离水分较多，那么芦笋叶子就会很容易受到病菌的侵害。不同气候区致病菌群有所不同，在湿度高、气候凉爽的地区会有一组病原菌，而在温暖或湿热的地区则会有另一组病原菌，它们都会引起芦笋的叶部病害。

（1）症状：主要危害下部叶片，病菌从叶尖或叶缘侵入后，形成灰白色不规则形枯斑，扩展后变为灰褐色，病斑上生出黑色霉状物，严重的致植株枯死。区别于芦笋紫斑病、褐斑病。

（2）病原：*Stemphylium botryosum* Wallr.，称匍柄霉，属半知菌亚门真菌。分生孢子梗单生或束生，淡褐色至褐色，短小，间或分枝，顶部膨大，分生孢子淡褐色至榄褐色，椭圆形至长方形。

（3）传播途径和发病条件：主要以菌丝体在病株上或子囊壳随病残体遗落土中越冬，翌年散发出子囊孢子引起初侵染，后病部产出分生孢子进行再侵染。该菌系弱寄生菌，常伴随紫斑病等混合发生。在湿度大、温度较高条件下，病斑上出现霉状物。

（4）防治方法

① 增施有机肥，提倡施用酵素菌沤制的堆肥，抑制有害微生物，提高抗病力。

② 加强管理，收获后及时清除病残体，集中烧毁，雨后及时排水，切勿过于荫蔽潮湿。

③ 结合防治茎枯病，在发病初期喷洒30%碱式硫酸铜（绿得保）

悬浮剂400倍液或1∶0.5∶100倍式波尔多液、50%琥胶肥酸铜可湿性粉剂500倍液、47%加瑞农可湿性粉剂800倍液进行兼治。病情严重时，也可单独喷洒75%百菌清可湿性粉剂600倍液或58%甲霜灵锰锌可湿性粉剂500倍液。采收前7天停止用药（图2-5～图2-7）。

图2-5　叶枯病病株

图2-6　叶枯病

图2-7　叶枯病

## 3.芦笋锈病的防治

芦笋锈病发病快，危害性强，主要危害芦笋叶和枝。在欧洲、美洲等地都有发生。我国北方芦笋产区发病严重，对产量影响很大。

（1）症状：该病从嫩茎开始侵染，最初形成黄褐色稍隆起的病斑，即病菌夏孢子堆，表皮破裂后散出黄褐色夏孢子。锈色小斑点状病斑，逐渐蔓延到整个植株，秋末冬初，病部形成暗褐色椭圆形病斑，即病菌冬孢子堆。发病期间,病斑上覆盖一层很小的疱状突起。危害严重时,感病植株整株变黄枯死。

(2)发病原因:病原菌为天门冬丙锈菌 *Puccinia asparagi-bucidi DC* 。该病多发生于冷凉地区,病菌在枯茎、枝上越冬。翌年春季在寄主表皮下形成夏孢子堆,后表皮破裂,散发出夏孢子。夏孢子通过风雨进行传播。秋冬季形成暗褐色冬孢子堆。冬孢子附着在枯茎和枝上越冬。孢子萌发和侵染的温度为20~22℃。降水较多的年份容易发生锈病。田间郁闭、湿度大时发病严重。雾、露天气较多的地区锈病较重。

(3)防治方法:品种间对锈病的抗性差异较大,因此种植芦笋时要注意选用抗锈病能力较强的品种。如Grande F₁,Jersey Knight F₁、Apollo F₁等。锈病较重的地区,冬季清园一定要彻底。要将病株全部烧掉,以降低病菌基数,从而控制锈病的发生。适时疏枝打杈和中耕除草,防止田间郁闭,改善通风、透光状况,从而降低田间湿度,控制锈病的发生。

药剂防治对锈病要以防为主,提早防治。目前,防治锈病效果较好的药剂有:80%敌菌丹可湿性粉剂500倍液、石硫合剂、代森锰锌、粉锈宁、40%福美胂及75%百菌清可湿性粉剂600倍液等(图2-8~图2-12)。

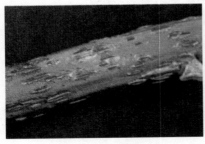
图2-8 锈病标本

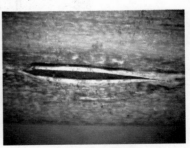
图2-9 锈病特写

图2-10 锈病标本特写

图2-11 锈病局部特写

图2-12 锈病病株

## 4.芦笋紫斑病的防治

（1）症状：芦笋紫斑病又称黑斑病。多在生长后期发病，主要危害茂盛的枝条，枝条染病先生紫褐色小斑点，后扩展为近椭圆形或钝纺锤形病斑，病斑四周紫褐色，中央浅褐色至灰褐色，致小枝从病部以上干枯。区别于褐斑病和匍柄霉叶枯病。

（2）发病原因：病原菌为 *Stemphylium vesicarium* （Wallr.）Simons，称黄花菜匍柄霉，属半知菌亚门真菌。分生孢子梗直或微弯，深褐色，顶部膨大且色较深，基部色较浅，具隔膜3～6个，隔膜处稍缢缩，分生孢子近长方形，深褐色，3～6个横隔，中间分隔处缢缩，1～2个纵隔，有的外部细胞突出或变为不规则形。

传播途径和发病条件：病菌在病株上越冬，翌春病部产生分生孢子，通过风雨传播进行初侵染和再侵染。生产上氮肥过多，植株茂密、徒长或通风不良易发病，夏秋季雨水多，发病重。

（3）防治方法

① 秋末冬初清除病株残体，集中深埋或烧毁，以减少初侵染源。

② 提倡施用日本酵素菌沤制的堆肥或充分腐熟有机肥。

③ 每株留茎5～7根，以利防止倒伏和通风，株高120～150厘米即应搭架，此外要及时拔除杂草。

④ 药剂防治：在发病初期喷洒30%碱式硫酸铜（绿得保）悬浮剂400倍液或1：0.5：100倍式波尔多液、50%琥胶肥酸铜可湿性粉剂

500倍液、47%加瑞农可湿性粉剂800倍液进行兼治。病情严重时，也可单独喷洒75%百菌清可湿性粉剂600倍液或58%甲霜灵锰锌可湿性粉剂500倍液（图2-13～图2-15）。

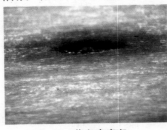

图2-13　紫斑病病斑

图2-14　芦笋紫斑病

图2-15　紫斑病病茎

## 二、芦笋茎部病害防治

### 1.芦笋茎枯病的防治

　　芦笋茎枯病是一种毁灭性病害，亚洲各芦笋产区几乎都有发生。近年来我国芦笋面积不断扩大，其危害程度也随之加重。一旦得了茎枯病，轻则减产，重则毁园绝收，给广大笋农造成巨大损失。同时因为一旦感染茎枯病将很难根除，因此芦笋茎枯病被称为"芦笋癌症"（图2-16）。

由于我国目前种植的主要是芦笋的二代种，其抗病性很差，因此茎枯病在我国的各芦笋产区都有发生。目前芦笋茎枯病的危害相当严重，近年我国老笋区产量大幅下降，每年都有大面积毁园发生。芦笋茎枯病严重制约着我国芦笋的产量和质量，成为我国芦笋产业发展的瓶颈（图2—17）。

图2—16　大面积芦笋茎枯病感病田　　图2—17　深度感染茎枯病病茎

（1）芦笋茎枯病的主要症状与传播

①症状：发病部位主要是茎和枝条。发病初期是在主茎上，多于距地面约30厘米处出现浸润性退色小斑，而后变成淡青及至灰褐色，同时扩大成梭形，也可多数病斑相连成为条状。病斑边缘为红褐色，中间稍凹陷呈灰褐色（灰棕色），以后仍可继续扩大成边缘红褐色、中间灰白色的大形病斑，上面密生针尖状黑色小点，即分生孢子器。病斑能深入髓部，待绕茎1周，上部茎秆即失水枯死。如大气干燥边缘界线清晰，不再扩大成为"慢性型病斑"；若天气阴雨多湿，则病斑迅速扩大可蔓延包围整个茎部，致使病斑上部的枝茎枯死，此即为"急性型"发病。

在小枝梗和拟叶上发病，则先呈现退色小点，而后边缘变成紫红色、中间灰白色并着生黑色小点。由于迅速扩大包围，小枝则易折断或倒伏，茎内部灰白色而粗糙以致枯死。拟叶上发病常常来势迅猛，田

间几天内便可成片枯黄（图2-18）。

图2-18　分枝感染茎枯病

②传播方式：病菌生长的适宜温度范围是23～26℃。在35℃以上或10℃以下，分生孢子不萌发。春季气温的高低与发病早晚密切相关。7、8、9月份高温高湿，正是芦笋营养生长阶段，也是病菌侵染传播高峰期。病株率基本是随降雨次数的增加而增加，每次雨后10天，田间就出现一次发病高峰。病原菌以分生孢子器在病残株上或土中越冬。来年再由孢子器中飞出分生孢子，通过雨水和耕作工具等多种传播途径传播。初次侵害嫩茎以后，从成熟的分生孢子器中出来的孢子被雨水冲走，借气流及雨水反溅，对芦笋茎基部造成继发性感染。病菌于茎幼嫩时最易入侵，一般在嫩茎长出10天以内感染率最高。在芦笋整个生长季节，病菌可进行10多次反复侵染。

（2）病原：*Phompsis asparagi* (sacc.) Bubak，芦笋拟茎点霉菌。

芦笋茎枯病的致病病原菌为天门冬茎点霉菌。该菌属于真菌纲中的半知菌亚门、球壳孢目、球壳孢科、拟茎点霉属。广泛地存活在自然界中，在条件适宜的情况下，广泛地传播。病茎上的分生孢子器呈球形或扁球形，黑褐色，一般分散单生，直径75～200微米，高105～137微米，初期寄生在寄主组织表皮下，成熟后突破表皮外露。每个分生孢子器内大约有分生孢子550～56000个，分生孢子多呈长椭圆形或卵形，少数呈梭形，单孢，无色。生长的最佳温度和pH值分别为20～28℃和pH5～7（图2-19）。

图2-19　芦笋分枝感染茎枯病

（3）发病规律：一般新笋田发病较轻，老笋田菌源基数大，发病早而重。新笋田的病菌主要有两个来源，一是种子带菌；二是老笋区的病菌随风或雨水传播而来。病原菌以分生孢子器状态随病残株在大田中越冬，能存活8～9个月。立春后，当温度达到20℃时，孢子通过雨水传播，开始侵染芦笋茎部。第一次大多侵染刚抽发的嫩茎鳞片或实生苗；第二次由上述鳞片或实生苗上的病斑形成孢子，借风力或雨水再侵害其他幼茎。

从分生孢子器上放出的成熟的器孢子被雨水冲掉和传播开来。一般是下雨越多，放出的孢子也越多。成熟的器孢子的成活率大约为68%。成熟的器孢子存活持续时间较短，仅有0.5%的器孢子在20℃下能存活6天，在40℃时没有存活超过1天的。在5~15℃下储存35天后，成熟的分生孢子器仍能释放出2.0%~2.3%的能成活的器孢子。茎、枝及病斑上产生的分生孢子随雨水向下流，至茎基部形成大量病斑，引起病的流行（图2-20）。

图2-20　茎枯病病斑

　　患病的芦笋茎和侧枝中的病原菌能在土壤中存活好几个月。在土壤中埋在15厘米的深度时，能离开患病的芦笋残余物单独存在达8个月；埋在30厘米的深度时，能单独存在9个月。在相当干燥的土壤中，病原菌也能在患病的茎内存活4个多月。

　　在我国北方地区，由于春季温度较低，湿度小，发病较轻，且病情发展缓慢。夏季温度高、雨水多的年份，一般茎枯病的发生都比较严重。病情的严重程度与气候条件，尤其是降雨的次数及多少有直接关系。此外，收获末期植株贫乏的营养条件和不适当的超采引起笋丛过度衰弱，也是疾病流行的重要因素（图2-21）。

图2-21　茎枯病病株

（4）发病条件

① 大面积种植抗性性差的 $F_2$ 代品种：目前我们种植的芦笋80%以上是 $F_2$ 代的劣质种子。目前芦笋栽培的主要品种有ＵＣ１５７Ｆ₂、ＵＣ800Ｆ₂、ＵＣ72Ｆ₂等。这些品种本身的抗病能力很差，一旦环境适宜，很容易大面积发病。

② 清园不彻底：目前多数农户都及时清园，但仍有部分农户不清园或清园不彻底不及时。据调查铲除芦笋枯枝，并清出地外烧毁，真正做到了彻底清园，第二年发病仅占5%。不清园的，发病株率为58%。

③ 气候条件适宜：病菌生长的温度范围是 $16\sim35℃$，适温 $23\sim26℃$。在35℃以上或10℃以下，分生孢子不萌发。春季气温的高低与发病早晚密切相关。尤其是7、8、9月份高温高湿，正是芦笋营养生长阶段，也是病菌侵染传播高峰期。病株率基本是随降雨次数的增加而增加，每次雨后10天，田间就出现一次发病高峰。

④ 留母茎时机不合适：芦笋病害的发生和流行的一个主要条件是雨水多，如果在雨季留母茎，大大增加了病原菌的侵染机会。

⑤ 管理不及时，施肥不合理：在雨季芦笋田要注意及时开沟排水，降低地下水位和田间湿度。氮肥用量过多，会致芦笋营养生长过旺，大部分笋农为追求眼前利益，重施N肥或只施N肥，使笋株生长茂密，茎秆细胞壁嫩而薄，病菌极易入侵。据调查，施N、P、K三元素复合肥，发病株率仅占10%，仅施尿素，发病株率占58%。

⑥ 过分依赖农药且施用不合理："控防结合，全程监控"是防治茎枯病的指导思想。由于茎枯病可反复侵染，因此药剂防治一定要早，严格控制病原基数。目前多数农户重治轻防，见病才治，无病不防，造成防治上多用药、多费工，加大成本，而效果却不很理想。

在农药使用上主要存在两个问题：一是用药单一，使病害产生抗

药性。由于长期施用单一药剂，引起病菌抗药性问题日益严重，导致防治效果大幅度下降，甚至完全无效。据有关专家研究和测定，芦笋茎枯病原菌对多菌灵、甲基托布津等杀菌剂品种产生了不同程度的抗药性；二是用药不及时，虽用药次数不少，防治效果不佳。据试验，雨一停就立即喷药，田间基本无病株；雨后没及时喷药，结果病株占37%（图2-22）。

图2-22　感染茎枯病

（5）芦笋茎枯病的综合防治：芦笋茎枯病的防治原则是"预防为主，综合防治"。对症下药，根据不同的发病原因采取不同的防治措施，形成一套防病体系。

① 选择抗病品种是关键：目前我们种植的芦笋90%以上是$F_2$代的劣质种子，使得芦笋本身的抗病能力很差，因此，只有选择抗病能力强的$F_1$代品种，才能从根本上解决问题。优良$F_1$代全雄杂交种后续产量表现突出，根据北京市农林科学院芦笋研究中心，在国际芦笋协会第三届芦笋品种高产试验中，五年的调查数据表明全雄$F_1$代杂交种，由于生长势强，植株健壮，抗病性好，五年病死率仅8%。而同样管理栽培的UC800五年病死率高达95%。另外全雄$F_1$代杂交种的后代，几

乎没有雌株，没有大量的生产种子的养分消耗，所以全雄品种一般比雌雄混合的品种产量高30%。在100多个品种计产试验评比中，第五年的产量，前十名都是全雄品种。

由于全雄品种不产生 $F_2$ 代种子，在生产田中不会产生大量的自生苗，免除了人工清除自生苗的麻烦。同时自生苗是传播芦笋茎枯病的最好媒介，没有了自生苗，大大减少了茎枯病传染的几率。

选用优良 $F_1$ 代全雄杂交种不仅可以提高芦笋本身抵抗茎枯病的能力，还可以显著提高芦笋产量，增加收入，同时可以减少用药，降低用药成本。所以说防治芦笋茎枯病最廉价的方法是选用优良 $F_1$ 代全雄杂交种。目前推广的抗性较强的品种有 NJ1023、NJ1031、 Jersey Knight 、Grande、Apollo 等 $F_1$ 代杂交种。

② 做好清园，减少病原菌数量是根本：彻底清除并烧毁病株残体是压低初侵染菌源、控制发病的重要环节。减少病原菌密度的方法主要有两个。一是在芦笋的生长季节中，及时拔除田间发病株并带出田间集中销毁；二是秋季芦笋茎秆收割后，进行彻底清园。

目前，许多笋农秋季不清园，甚至连芦笋茎秆也不收割，任其过冬，到第二年的春天再开始清园。这种做法是非常错误的，它可以使大量病枝携带的分生孢子散落到土壤中，不仅增加了病原菌的数量，也大大增加了清园的难度。

正确的做法应该是在每年11月底，当芦笋秧开始变黄后（不要等到茎秆变干），用铁锹或锄头，从地下5厘米左右将芦笋茎秆铲断，将芦笋秧运出芦笋田，进行处理（作饲料、燃料等）。在浇冻水之前，将芦笋田中散落的枯枝捡拾干净。据调查，冬前彻底清园的，第二年病株率仅6.7%，未清园的，第二年病株率高达68.5%。彻底清园，减少病原菌数量可以起到60%以上的防治效果。因此说秋季清园很重要。清园后，浇冻水前以及第二年开春出笋前，用抑菌净500倍液、多菌灵500倍液喷洒全田或每亩施用2~3千克敌克松进行土壤消毒。

③ 避雨季留母茎，减少侵染机会：把留母茎的嫩茎出土期与雨季错开，7、8月雨季坚持采笋，避免嫩茎感染，增加菌源。芦笋病害的发生和流行的一个主要条件是雨水多，所以生产上一般要求母茎留养初期有5天以上的晴好天气，这样就使病源菌的发生和传播失去了条件，不易侵染发病（图2-23）。

④ 加强管理，增强抵抗力：要适时中耕除草并及时清除病茎，控制笋田的母茎留量。在雨季芦笋田要注意开沟排水，降低地下水位和田间湿度。平衡施肥是保证芦笋健壮生长，抗御各种病害的重要措施。在施肥上应遵循有机、无机、生物肥三结合，氮、磷、钾三配套的基本原则。催芽肥重N增P补K，复壮肥N、P、K齐攻，秋发肥轻N重P、K。据调查，按配方施肥的比N、P、K配比不合理的病株率降低60%，增产50%左右（图2-24）。

图2-23 典型茎枯病病茎

图2-24 茎枯病感染茎基部

⑤ 辅以适当的药剂防治：药剂防治要防重于治，一定要早预防，严格控制病原基数，争取不发病或少发病。目前多数笋农重治轻防，见病才治，无病不防，造成防治上多用药、多费工，加大成本，而效果却不很理想。

清园后，浇冻水前以及第二年开春出笋前，用抑菌净500倍液或多菌灵500倍液喷洒全田，进行土壤消毒。

留母茎前3天，用抑菌净500倍液或多菌灵500倍液喷洒全田，进行土壤消毒；留母茎后当留养的母茎长至5厘米高时，即用2%抑菌净剂5～10倍液或0.4%波尔多液涂茎，隔天涂一次，连涂3～4次。

在母茎分枝后，用1000倍抑菌净液喷施，隔2天喷一次，喷3～4次，放叶后，用1000倍抑菌净液喷施，前期隔3～5天，后期隔5～7天喷一次，直到母茎长成。

随着雨季来临，田间湿度增大，正是病菌侵染的高峰期，也是重点防护期，无论有病无病，都应进行防治，至少要隔10～15天喷药一次。喷药后遇雨，雨停后要及时补喷。

目前，用于防治茎枯病的药剂主要有50%多菌灵500～600倍液，用于土壤消毒和发病期间喷洒；70%代森锰锌可湿性粉剂每亩175～250克对水喷雾防治；世高（Score 10%WG）1000倍液＋75%百菌清600倍喷雾；50%苯莱特乳油800～1000倍液喷雾；敌菌丹80%可湿性粉剂每亩用药167克（自7月30日至9月30日喷洒7次的总药量）相对防治效果为70.96%。敌菌丹对皮肤有刺激作用，在喷药时要有面罩等防护用品，喷药后不宜进田，必要时应涂防护膏；70%甲基托布津800～1000倍液；75%百菌清600～800倍稀释液进行预防；在发病初期用高浓度苯来特集中喷2～3次可抑制蔓延发展。0.4%波尔多液涂茎和16%抑菌净1000倍液喷雾等。为避免抗药性产生，应选用不同剂型的农药轮换使用。

### 2.芦笋炭疽病的防治

（1）症状：主要危害芦笋茎。茎上病斑灰色至浅褐色，梭形或不规则形，后期病部长出小黑点，即病原菌的子实体。

（2）发病原因：病原菌为围小丛壳，属子囊菌亚门真菌。无性态称为盘长孢状刺盘泡，属半知菌亚门真菌。病菌以菌丝体和分生孢子在病残体上越冬，翌年4～6月靠雨水溅射，把病菌传播开来，多雨季节扩展快，干旱年份或干旱无雨发病轻（图2-25）。

**图2-25 炭疽病病斑**

（3）防治方法

① 收获后及时清除病残体，集中深埋或烧毁。

② 施用酵素菌沤制的堆肥或腐熟有机肥。

③ 发病期注意雨后排水，严防大水漫灌，浇水应安排在上午，以减少夜间结露。

④ 发病初期开始喷洒70%代森锰锌可湿性粉剂500倍液，或75%百菌清可湿性粉剂600倍液、80%炭疽福美可湿性粉剂800倍液、50%苯菌灵可湿性粉剂1500倍液，隔10天左右1次，连续防治2～3次。采收前7天停止用药（图2-26，图2-27）。

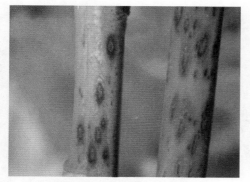

图 2-26 炭疽病梭形病斑

图 2-27 感染炭疽病的病茎

### 3.芦笋枯梢病的防治

（1）症状：嫩茎感病后，其梢部失水萎蔫、弯曲，鳞片成褐色条斑，茎部下陷、枯黄，逐渐死亡。成茎发病时，首先顶梢发黑枯焦，随后基部凹陷，枝、叶变黄，最后衰弱枯死。

（2）发病原因：该病是一种生理性病害，高温干旱时易发生。笋田积水或土层板结而通透性差时，根系的呼吸及吸收功能受阻，造成植株生理失水，也易发生此病。土壤盐碱太重发病偏重。

（3）防治方法：高温干旱时要适时浇水，要浇透。在浇水或雨后及时划锄松土，防治地表板结。雨季注意排涝，防止笋田积水。在盐碱太重的地块上栽培芦笋，应注意配套排盐碱措施。重施有机肥，配施氮磷钾复合肥，改善土壤理化性状，促进植株正常生长，提高抗病能力（图 2-28）。

图 2-28 芦笋枯梢病

### 4.芦笋茎腐病的防治

（1）症状：主要危害幼笋。幼笋出土即受害，初期在幼茎表面出现水浸状斑，逐渐扩大，后侵入茎秆，致茎部组织腐烂、崩解，由于水分运输受阻，地上部呈枯萎状，湿度大的可在茎表组织上出现白色菌丝，即病菌的菌丝体。该病有日趋严重之势，生产上应予注意（图2-29）。

（2）病原、传播途径和发病条件：病原菌为Pythium sp.，一种腐霉菌，属鞭毛菌亚门真菌，在CMA上菌丛白色绵状，卵孢子球形光滑，不满器，浅黄色。

图2-29 茎腐病

病菌以卵孢子在12~18厘米表土层越冬，并在土中长期存活。翌春，遇有适宜条件萌发产生孢子囊，以游动孢子或直接长出芽管侵入寄主。此外，在土中营腐生生活的菌丝也可产生孢子囊，以游动孢子侵染幼苗引起腐霉猝倒病。田间的再侵染，主要靠病苗上产出的孢子囊及游动孢子，借灌溉水或雨水溅射传播蔓延，病菌侵入后，在皮层薄壁细胞中扩展，菌丝蔓延于细胞间或细胞内，后在病组织内形成卵孢子越冬，该病多发生在土壤潮湿和连阴雨多的地方，与其他根腐病共同危害。平均气温22~28℃，雨季或连阴天多，湿度大易发病。

（3）防治方法

① 提倡施用酵素菌沤制的堆肥或腐熟有机肥。

② 采用高畦或起垄栽培，不宜过密。

③ 加强田间管理，雨后及时排水，降低土壤湿度。

④ 及时挖除病笋，集中深埋或烧毁，减少菌源。

⑤ 采用滴灌或膜下灌溉，严防大水漫灌。

⑥ 发病初期结合防治茎枯病可喷洒或浇灌70%乙膦锰锌可湿性粉剂500倍液或64%杀毒矾可湿性粉剂500倍液、72%杜邦克露或克霜氰、霜脲锰锌（克抗灵）可湿性粉剂800~1000倍液、69%安克锰锌可湿性粉剂1000倍液。采收前3天停止用药。

### 5.芦笋灰霉病的防治

（1）症状：芦笋灰霉病主要发生在生长不良的小枝或幼笋上，开花期也易染病，新长出的嫩枝呈铁丝状弯曲，致生长点变黑后干枯，湿度大时，病部密生鼠毛状灰黑色霉，即病菌分生孢子梗和分生孢子，有时危害茎基部或幼笋，严重时可致地上部枯死（图2-30）。

图2-30　灰霉病

（2）病原：病原菌为Botrytis cinerea Person，称灰葡萄泡，属半知菌亚门真菌。分生孢子聚生、无色、单胞。

（3）传播途径和发病条件：以菌丝、菌核或分生孢子越夏或越冬。越冬的病菌以菌丝在病残体中营腐生生活，不断产出分生孢子进行再侵染。条件不适合时，病部产生菌核，在田间存活期较长，遇到适合条件，即长出菌丝直接侵入或产生孢子，借雨水溅射或随病残体、水流、气流、农具及衣物传播。腐烂的病荚、病叶、病卷须、败落的病花落在健康部位即可发病。菌丝生长温度4~32℃，最适温度13~21℃，高于21℃时其生长量随温度升高而减少，28℃锐减。该菌产孢温度范围1~28℃，同时需较高湿度；病菌孢子5~30℃均可萌发，最适13~29℃；孢子发芽要求一定湿度，尤在水中萌发最好，相对湿度低于95%，孢子不萌发，病菌侵染后，潜育期因条件不同而异，1～4℃接种后1个月产孢，20℃接种后7天即产孢；生产上在有病菌存活的条件下，只要具备高湿和20℃左右的温度条件，病害易流行。病菌寄主较多，危害时期长，菌量大，防治比较困难。

(4)防治方法：由于此病侵染快且潜育期长，又易产生抗药性，目前主要推行生态防治、农业防治与化学防治相结合的综防措施。

① 生态防治：棚室内注意降低湿度，采取提高棚室夜间温度，增加白天通风时间，从而降低棚内湿度和结露持续时间，达到控病的目的。

② 及时拔除病株，集中深埋或烧毁。

③ 发现病株即开始喷洒50%速克灵可湿性粉剂1500～2000倍液或50%农利灵可湿性粉剂1000～1500倍液、50%扑海因可湿性粉剂1000倍液、45%特克多悬浮剂4000倍液、50%混杀硫悬浮剂600倍液。隔7～10天1次，视病情防治2～3次，对上述杀菌剂产生抗药性的地区，可选用65%甲霉灵可湿性粉剂1500倍液或50%多霉灵（多菌灵加万霉灵）可湿性粉剂1000倍液。注意轮换、交替用药，延缓抗药性产生。采收前3天停止用药。

## 6.芦笋斑点病的防治

(1)症状：主要危害芦笋茎，病斑初灰白色椭圆形至不规则形，病斑分界明显，后期病部密生黑色小点，即病原菌分生孢子器。别于茎枯病（图2-31）。

(2)病原：病原菌为Phoma lanceolata（Cke.et Ell.），属半知菌亚门真菌。分生孢子器散生，球形，暗褐色。

(3)传播途径和发病条件：以菌丝体及分生孢子器在病残体上越冬，翌年芦笋抽生嫩茎时，侵入茎秆，该病的扩展与湿度、幼茎出土

**图2-31　斑点病**

情况、栽培管理水平有关，凡阴雨天气多、排水状况不好或偏施氮肥易发病。

（4）防治方法

① 冬春两季，做好清园工作，以减少菌源。

② 清园后喷淋36%甲基硫菌灵悬浮剂500倍液或50%多菌灵可湿性粉剂600倍液、50%苯菌灵可湿性粉剂1500倍液、60%防霉宝超微可湿性粉剂800倍液，每亩喷施兑好的药液60～70升，隔10天左右1次，防治2～3次。采收前3天停止用药。

## 三、根部病害防治

### 1.芦笋根腐病的防治

（1）症状：芦笋根腐病又称冠腐病，主要危害茎基部和根部。初感染时，感病部位变成褐色，皮层逐渐腐烂，仅残留表皮和维管束，表皮下布有白色菌丝体，髓部变色，严重时小根全部烂掉，根部溃烂，植株黄化、矮小或萎凋后枯死（图2-32）。

由种子传播的镰孢菌孢子常常会深深地卡在种皮的裂隙中，这样会感染幼苗，造成正在发育的根茎的腐坏。根系的发育受到病菌和营养根顶梢枯死的影响，在幼小的贮藏根上常常会形成椭圆形或"连续"的褐色伤痕，而在地表下的茎基部会出现纵向的红褐色的斑点，枝叶的发育也会变得迟缓、枯萎和变黄，这些感染常常会造成幼苗的死亡（图2-33）。

图2-32　根腐病根部症状

图2-33　根腐病茎基部症状

在成熟的植株上，镰刀菌会造成正常的营养根的腐烂坏死，使根变成红紫色，大多数营养根完全腐烂掉。有时微红色的条纹会从营养根伸展到主根的表面。主根可伸展进入根茎的输导组织常常有微红色的变色。芦笋株丛的茎也有相似的症状，它会伸出到土壤表面之上许多厘米，在此情况下芦笋株丛将会变黄，且发育迟缓。地面之下茎的基部常常有褐色的斑点和凹陷的伤痕，产生侵蚀性的、渗透性的、锈色感染（图2-34）。

图2-34　根盘部根腐病症状

（2）病原：病原菌为 *Fusarium moniliforme* Sheld.，尖芽镰刀菌和念珠镰刀菌，属半知菌亚门真菌。

（3）传播途径和发病条件：病菌分生孢子在种子上能存活2年，种子发芽时分生孢子萌发，长出芽管，从伤口侵入幼嫩的根，引起发病。

尖芽镰刀菌和念珠镰刀菌的孢子是通过种子传播的。在收获和从浆果中提取种子的过程中会污染种子。正在萌生的幼苗也会受到苗圃中的这些孢子的感染。

另一方面，念珠镰刀菌能在被感染的茎上产生通过空气传播的孢子，因此能在田间很快地传播。念珠镰刀菌也能在玉米残株上存活下来，并给随后的芦笋种植带来严重的疾病。为此，芦笋种植田的前茬最好不是玉米。

尖芽镰刀菌和念珠镰刀菌的孢子能在田间内部或不同田间之间的土壤中传播。这一传播既可通过风，又可通过机械作用，还可通过地表水。尖芽镰刀菌还能由昆虫来传播。

该病发生的最佳土壤温度是25℃，但也可在低于20℃时发生。由水涝或干旱造成的水应力会促进该病的传播（图2-35，图2-36）。

图2-35　根腐病

图2-36　茎部根腐病症状

尽管幼苗能受到被污染的种子或土壤的感染并产生被感染的根茎，但只有当已种过芦笋的田间再次播种或再次种植时，才会产生最严重的疾病。因为组织被感染并枯萎，镰孢菌附在上面并产生孢子，这些孢子存活下来并造成新的感染。根茎上下的土壤受到大量孢子的侵染，这些孢子会感染新的支根和笋。已切下的笋和根茎促进感染和快速的集群现象。这些笋和根茎是被栽培设备、来自根茎穴的芦笋株丛根茎的断根和其他有害行为所损伤的。相对于健壮生长的植株而言，受到削弱的芦笋根茎更容易受到镰孢菌的侵害。

镰孢菌能在已死亡的有机物上存活下来，比如芦笋的根茎和根部，或在其他的受体存活多年，比如谷物和一年生杂草，它只能在田间内缓慢地传播。

（4）防治方法：播种之前，用双硫胺甲酰和苯菌灵粉末来处理种子，每公斤种子两种杀菌剂各用5克。苯菌灵比例较高时会有毒性，会造成发芽率的降低和幼苗发育的迟缓。第二种方法是播种之前在0.5%～1%的次氯酸钠溶液（10%～20%的家用漂白液）中浸种10分钟。上述两种处理方法会大大降低种子传播的感染水平，因而会降低移植到生产田间受镰孢菌感染的植株的比例。

当使用根茎移栽植株时，在2克／升的克菌丹和0.5克／升的苯菌灵溶液中浸泡可防止根腐病的形成，且能改善芦笋的定植。另外在移植之前用噻苯咪唑溶液浸根茎，这样可提高定植成活率。尽管我们进行了多年的尖芽镰刀菌和念珠镰刀菌的抗病育种工作，但至今还没有培育出有抗性的芦笋栽培种。

感染芦笋病毒Ⅱ（AV-Ⅱ）的芦笋植株要比未感染该病毒的植株更容易受到尖芽镰刀菌的侵害。因此要注意芦笋病毒病的防治。

育苗地不宜连作，应实行3～4年轮作。施用充分腐熟有机肥或高温灭菌沤制的堆肥，或采用芦笋专用肥，注意防止烧根或沤根。加强田间管理，及时清除杂草，雨后及时排水，降低土壤湿度，防止湿气滞留。

发病初期喷洒或浇灌36%甲基硫菌灵悬浮剂600倍液或50%多菌灵可湿性粉剂700倍液、30%碱式硫酸铜悬浮剂400～500倍液、1∶1∶160倍式波尔多液、77%可杀得可湿性微粒粉剂500倍液。

### 2.芦笋疫霉根腐病的防治

（1）症状：主要危害芦笋茎基部、根部或幼株，病部迅速变黑而枯死，较老的笋株开始时仅下部叶变黄，后地表附近茎环割，病株萎蔫（图2-37）。

（2）病原及传播途径和发病条件：病原菌为 *Phytophthora megasperma* var. *sojae* Drechs1.，称大雄疫霉，属鞭毛菌亚门真菌。病菌随病残体在土壤中或带菌种子上越冬，翌春条件适合时产生孢子进行初侵染和再侵染（图2-38）。

图2-37 疫霉根腐病

图2-38 疫霉根腐病特写

（3）防治方法

①　发现病株及时拔除，集中深埋或烧毁。

②　提倡施用酵素菌沤制的堆肥或腐熟有机肥，抑制土壤中有害微生物，减少发病。

③　中心病株出现后及时喷洒72%霜脲锰锌（克抗灵）可湿性粉剂800倍液，或72%杜邦克露或72%克霜氰可湿性粉剂800～1000倍液、18%甲霜胺锰锌可湿性粉剂600倍液、70%乙膦锰锌可湿性粉剂500倍液，每亩喷兑好的药液50升，隔10天左右1次，视病情防治2～3次。

芦笋霜霉病与白粉病混发时，为减少打药次数可选用72%霜脲锰锌可湿性粉剂1000倍液加20%三唑酮乳油2000倍液；霜霉病与炭疽病混发时可选用72%霜脲锰锌可湿性粉剂1000倍液加50%苯菌灵可湿性粉剂1500倍液；霜霉病与细菌性角斑病混发时，可选用60%琥乙膦铝（DTM）可湿性粉剂500倍液或50%琥胶肥酸铜可湿性粉剂500倍液加40%三乙膦酸铝可湿性粉剂300倍液兼防两病。生产上对上述杀菌剂产生抗药性的地区，可改用69%安克锰锌可湿性粉剂或水分散粒剂1000倍液。采收前3天停止用药。

## 3.芦笋紫纹羽病的防治

（1）症状：芦笋紫纹羽病主要危害根部。染病后病根失去光泽变为黄褐色至黑褐色，中心逐渐腐烂仅残留表皮，病根表面现绒状紫色菌丝膜或紫色纹羽状菌索及菌核，病株地上部明显矮于健株，弯曲，茎叶变黄，后落叶或全株枯死。

（2）病原：病原菌为 *Helicobasidium purpureum* Pat.，紫卷担菌（桑羽纹病菌），属担子菌亚门真菌，病根上可见紫褐色菌索或菌核。菌丝外生和内生，壁薄，菌丝纠集在一起形成菌索、菌核。菌核半圆形，红紫色。无性态为 *Rhizoctonia crocorum* Fr，称为紫纹羽丝核菌。

（3）传播途径和发病条件：病菌以菌丝体、根状菌索和菌核在病根上或土壤中越冬。条件适宜时，根状菌索和菌核产生菌丝体，菌丝体集结形成的菌丝束，在土里延伸，接触寄主根后即可侵入危害，一般先侵染新根的柔软组织，后蔓延到主根。此外病根与健康根接触或从病根上掉落到土壤中的菌丝体、菌核等，也可由土壤、流水进行传播。该菌虽能产生孢子但寿命短，萌发后侵染机会少，低洼潮湿、积水的笋园发病重。

（4）防治方法

① 严格选地，不宜在发生过紫纹羽病的桑园、果园以及大豆、山芋等地栽植芦笋，最好选择禾本科茬口。

② 提倡施用酵素菌沤制的堆肥。

③ 发现病株应及时挖除烧毁，四周土壤亦应消毒或用 20% 石灰水浇灌。

④ 发病初期在病株四周开沟阻隔，防止菌丝体、菌索、菌核随土壤或流水传播蔓延。

⑤ 在病根周围撒培养好的木霉菌，如能结合喷洒杀菌剂效果更好。

⑥ 发病初期及时喷淋或浇灌 36% 甲基硫菌灵悬浮剂 500 倍液或 70% 甲基硫菌灵可湿性粉剂 700 倍液、50% 苯菌灵可湿性粉剂 1500 倍液。采收前 3 天停止用药。

## 四、芦笋茎叶部病害防治

### 1.芦笋病毒病的防治

芦笋病毒病近年来在我国北方地区呈上升趋势，几乎大部分进口

的 $F_2$ 代芦笋种子中都携带 2 号、3 号病毒，一些进口的 UC800 种子，带毒率达 60%。这些种子育出的芦笋苗，大部分感染上病毒病。带毒芦笋苗大田定植后，受蚜虫等昆虫的传播，重复感染扩散。在山东、河北、山西的芦笋田间调查，几乎大部分的 $F_2$ 代植株感染了 AV-Ⅱ病毒。在 2002 年对整个我国北方的 50 个芦笋田间的调查表明，大多数被调查的笋田都有 AV-Ⅱ。种植年限越久的田间感染越严重，幼苗感染损失比成年笋更重（图 2-39）。

图 2-39 芦笋病毒病

（1）症状：芦笋病毒病在田间表现为病株生长瘦弱、弯曲、黄化、矮缩不长、生命力和生产率显著减弱或降低。

（2）病原：Asparagus virus 1、2、3 称芦笋病毒 1 号、2 号、3 号。属病毒。一般可分离出芦笋病毒 1 号和 2 号。芦笋病毒 1 号粒子丝状，大小为 763 纳米×15 纳米，稀释限点 100000 倍，汁液接种可传染，接种在千日红上产生局部病斑，钝化温度 50~55℃，10 分钟，体外存活期 20℃条件下 8~11 天，可与芜青花叶病毒、窝苣病毒、菜豆黄斑花叶病毒进行血清反应。芦笋病毒 2 号粒子球状，寄主多，可侵染茄科、豆科等多种植物；失毒温度 55~60℃经 10 分钟；体外存活期 20℃条件下 2~3 天。种子传毒，汁液也可传毒。此外烟草条斑病毒芦笋矮缩株系（ASV）也是该病病原（图 2-40，图 2-41）。

（3）传播途径和发病条件：主要通过种子和汁液传毒，桃蚜（Myzus

图 2—40　芦笋病毒病　　　　　　　　图 2—41　病毒病病株

persicae）可传播芦笋病毒1号。在芦笋田间，AV－Ⅱ可通过机械方式（如切割刀）在植株之间传播。AV－Ⅱ可通过花粉从被感染的雄株传播到雌株生产的种子。因被感染的植株的发病率会随着时间的推移而增加，从大量感染AV－Ⅱ的种子田中，收获被感染的种子，会加大病毒病的传播。

　　国外最近的观察研究指出，感染AV－Ⅱ的芦笋植株的根，渗出的氨基酸比健康植株根的渗出量高出7～8倍，在葡萄糖和碳水化合物方面高出2～3倍。这些渗出物刺激了镰孢属病菌的生成，并有助于把病菌吸引到根表。所以感染AV－Ⅱ的植株比没感染AV－Ⅱ的植株更容易受到镰孢属病菌的侵害（图 2—42，图 2—43）。

图 2—42　病毒病幼苗1　　　　　　　图 2—43　病毒病幼苗2

（4）防治方法

① 针对芦笋病毒1号的形态特征和血清反应，蚜虫可能传毒，因此，在发病重的土地或田块，应在蚜虫发生期及时喷洒杀虫剂。

② 针对芦笋病毒1号、芦笋病毒2号均可通过汁液进行传毒，因此，收获时要注意使用割刀，必要时进行割刀消毒。

③ 为防止种子传毒，应采用$F_1$代杂交种，并应具有种子不携带病毒的质保书。不使用$F_2$代种子，必要时采用茎尖脱毒技术进行脱毒。

④ 可在发病初期试喷20%毒克星可湿性粉剂500～600倍液或0.5%抗病毒2号水剂300～350倍液、5%菌毒清可湿性粉剂500倍液、20%病毒宁水溶性粉剂500倍液，隔7～10天一次，连用3次。采收前5天停止用药。

## 2.芦笋立枯病的防治

芦笋立枯病又叫猝倒病，是苗圃中发生最普遍、最严重的病害，特别是冬春季温室育苗时经常发生的病害。发病后造成幼苗成片倒伏死亡，出土不久的幼苗最易发病。病苗基部开始呈水浸状、黄褐色病斑，病斑迅速扩展后病斑缢缩呈线状，叶子青绿后发黄，幼苗便倒伏贴伏地面。苗床最初多是零星发病，形成发病中心，迅速扩展，最后引起有成片幼苗倒伏。温室内温度低、湿度大、播种过密、光线不足时，更易发病。严重时苗根腐烂成片死亡，影响幼苗成活率（图2-44）。

图2-44 立枯病病茎

立枯病（猝倒病）主要是由真菌中的丝核菌、腐霉菌、镰刀菌引起。病菌腐生性很强，可以在土壤中长期存活，以卵孢子和菌丝体在土壤中的病残体上越冬，是典型的土传病害。苗圃地低温，土壤黏重、板结，排水不良的老苗圃地和前作是辣椒、番茄、马铃薯、棉花，以及偏碱性土壤或施氮肥过多，均易发生立枯病（猝倒病）。而且它可由土壤、雨水、灌水和种子传播。立枯病的防治要从土壤抓起，做到预防为主，综合防治。

（1）提高育苗技术水平：首先，要进行温室土壤、空气消毒，方法是在播种前2～3周，松土、浇洒40%福尔马林100倍液，每平方米药液3千克左右，然后用塑料膜覆盖4～5天。其次，一定要选用无病新土作苗土，注意苗土的严格消毒。苗床气温应控制在25～30℃，地温保持在20℃以上，注意提高地温，降低空气湿度。出苗后尽量少浇水，必须浇水时一定选择晴天浇水，切忌大水漫灌，适量通风，增加光照，促进幼苗健壮生长。苗期喷洒0.1%～0.2%磷酸二氢钾，植保素8000～9000倍液，可增强幼苗的抗病力（图2-45）。

图2-45 幼苗立枯病

（2）种子和土壤消毒：猝倒病的病原菌能长期在土壤内存活，因此直接消灭土壤内病原菌对控制发病极为重要。苗床土壤可用150～200毫克／千克抑菌净、50%的多菌灵或50%的福美双，或40%的五氯硝基苯，或40%的拌种霜，每平方米用药量6～8克。施用时先将药称好，然后用适量细沙土混合拌匀即成药土，部分药土在播种前撒于播种行内，剩下部分播后覆盖种子。播种前，要将种子用50%的多菌灵浸种消毒（图2-46）。

**图2-46　立枯病病根**

（3）及时施药防治：一旦苗床发病，应及时把病苗及邻近床土清除，在病苗及其周围喷洒0.4%的铜铵合剂。发病初期可用200毫克／千克抑菌净灌根。用75%百菌清可湿性粉剂600倍液；或70%代森锰锌可湿性粉剂500倍液，或64%钉毒矾可湿性粉剂500倍液；或25%甲霜灵可湿性粉剂800倍液，或40%乙膦铝可湿性粉剂200倍液；每7～10天喷一次，连续喷2～3次。喷药后，撒干土或草木灰降低苗床土层湿度。

# 第三章 芦笋主要虫害防治

随着我国北方绿芦笋种植面积的逐年扩大,病虫害防治日显重要。主要虫害有蝼蛄、蛴螬、地老虎、金针虫、芦笋蠹蛾、夜盗虫、蚜虫、蓟马、十四点负泥虫、红蜘蛛等。虫害轻者缺株减产,重者近乎绝产。近几年,我国北方许多芦笋产区,正是由于不重视虫害,个别芦笋基地几乎毁灭,不仅给芦笋种植者造成了重大经济损失,而且还导致了个别以加工芦笋产品为主的企业濒临倒闭,严重制约了我国北方绿芦笋生产的发展。因此,在加强芦笋水肥管理的基础上,一定要高度重视病虫害防治。由于各地气候条件不同,笋园周边环境不同,主要害虫的种类、发生规律、危害程度及危害季节也有所不同,因此,一定要根据笋园的实际情况,采取切实有效的措施及时加以防治,以提高绿芦笋的产量和品质,促进我国北方绿芦笋种植业持续稳定地向前发展。

## 一、地下害虫防治

随着我国芦笋种植面积的逐年扩大,广大芦笋种植者对地下害虫不进行防治或者不知如何防治,使地下害虫的危害日趋严重。主要地下害虫有地老虎、蝼蛄、芦笋蠹蛾、金针虫、蛴螬等。

### 1.地老虎的防治

地老虎又称切根虫、土蚕、地蚕，属鳞翅目，夜蛾科，是危害芦笋的主要害虫之一。地老虎种类很多，在北京地区危害芦笋最重的主要是小地老虎和黄地老虎（图3-1）。

（1）危害特点：主要是以幼虫危害刚出土的芦笋幼苗，时常将咬断的幼苗拖入穴中，

图3-1 地老虎幼虫

造成缺苗断垄；还常在近地面的茎部蛀孔危害，使地上茎枯死或形成空心苗；并咬食芦笋幼嫩茎，对绿笋危害最为严重，对其产量和品质影响极大。

（2）形态特征：小地老虎成虫体长16～23毫米，翅展42～54毫米，深褐色，前翅由内横线、外横线将全翅分为3段，具有显著的肾状斑、环形纹、棒状纹和2个剑状纹。后翅灰色无斑纹。卵长0.5毫米，半球形，表面具纵横隆纹，初产乳白色，后出现红色斑纹，孵化前灰黑色。幼虫体长37～47毫米，灰黑色，体表布满大小不等的颗粒，臀板黄褐色，具有2条深褐色纵带。蛹长18～23毫米，赤褐色，有光泽，第5～7腹节背面的刻点比侧面的刻点大，臀棘为短刺1对；黄地老虎成虫体长14～19毫米，黄褐色或灰褐色，前翅横纹不明显，肾形斑、环形纹和棒状纹明显，并镶有黑褐边，翅面散布褐色小点。末龄幼虫体长33～42毫米，体表颗粒不明显，臀板为两块黄褐色斑（图3-2）。

（3）发生规律：华北地区一年发生3～4代。5月中下旬幼虫危害最重，1、2龄幼虫多集中在茎或叶上危害，3龄以后分散活动。白天潜

第三章

第三章 芦笋主要虫害防治

图3-2 地老虎

伏,夜间出来危害,咬食幼苗或嫩茎,动作敏捷,性残暴,能自相残杀。老熟幼虫有假死性,受惊缩成环形。地老虎的成虫活动力强,昼伏夜出,对黑光灯及糖醋酒等趋性较强。

(4)防治方法

① 早春清除笋田及周围杂草,减少寄居场所,防止地老虎成虫产卵。

② 用黑光灯、糖醋液或毒饵诱杀成虫。

③ 在芦笋定植前,地老虎仅以田间杂草为食,因此可选择地老虎喜食的灰菜、刺儿菜、小旋花、苜蓿等杂草堆放,诱集地老虎幼虫,或人工捕捉,或拌入药剂毒杀。

④ 地老虎幼虫1~3龄期抗药性差,且暴露在寄主植物或地面上,是药剂防治的适期。主要药剂有50%辛硫磷800倍液、90%敌百虫800倍液、40%毒死蜱乳油、2.5%敌杀死乳油或2.5%溴氰菊酯等(图3-3)。

图3-3 地老虎成虫

### 2.蝼蛄的防治

蝼蛄属直翅目，蝼蛄科，俗称拉拉蛄、土狗子，分布全国各地（图3-4）。

（1）危害特点：蝼蛄是杂食性害虫。以成虫、若虫在土中活动，对芦笋苗床的危害特别严重，在苗床中到处开掘隧道，吃掉种子，并咬断幼茎及根系。幼苗定植后，由于蝼蛄的危害，往往造成缺苗断垄。蝼蛄还常咬食采收中的幼笋和根部，严重影响芦笋的产量及品质。在温室，由于气温高，蝼蛄活动早，加之幼苗集中，受害更重（图3-5）。

图3-4　蝼蛄

图3-5　蝼蛄虫卵

（2）发生规律：我国主要有两种蝼蛄，即华北蝼蛄和非洲蝼蛄。这两种蝼蛄均以成虫或若虫在土壤深处越冬。5月上旬至6月中旬是蝼蛄最活跃的时期，也是第一次危害高峰期，6月下旬至8月下旬，天气炎热，转入地下活动，6～7月为产卵盛期。9月份气温下降，再次上升到地表，形成第二次危害高峰，10月中旬以后，陆续钻入深层土中越冬。蝼蛄的两次危害高峰期（5～6月和9～10月）正是芦笋育苗和幼苗生长季节，所以极易受其危害。蝼蛄昼伏夜出，以夜间9～11时活动最盛，特别在气温高、湿度大、闷热的夜晚，大量出土活动。早春或晚秋因气候凉爽，仅在表土层活动，不到地面上，在炎热的中午常潜至深土层。蝼蛄具有趋光性，对香甜物质及有机肥料有强烈趋性。成虫、若虫均喜欢潮湿松软的壤土和沙壤土，20厘米表土层含水量20%以上最适宜，小于15%时活动减弱（图3—6）。

（3）防治方法

① 根据蝼蛄夜间出土活动并对香甜物质有强烈趋性的特点，可采用撒施毒饵的方法加以防治。先将饵料（秕谷、麦麸、豆饼、棉籽饼等）炒香，而后用90%敌百虫30倍液拌匀，适量加水，拌潮为度，每亩施用3～5斤，在无风闷热的傍晚撒施效果最佳（图3—7）。

图3—6 蝼蛄

图3—7 蝼蛄危害

② 育苗时，结合苗床整理，每亩用3%辛硫磷颗粒剂5公斤，拌细沙3公斤撒施在苗床内。

③ 定植前，每亩用3.6%三通颗粒剂2.0～2.5公斤撒施在定植沟内。

④ 幼苗生长或采笋期间，若发现蝼蛄危害，可用20%好年冬乳油1500～2000倍液灌根、90%敌百虫800～1000倍液，顺垄喷洒进行防治。

## 3.芦笋蠹蛾的防治

芦笋蠹蛾属鳞翅目蠹蛾科，是一种蛀根性害虫，以幼虫咬破地下茎皮进入韧皮部危害，被害株皮层遭到破坏，使水分和养分输送受阻，全株枯死。芦笋蠹蛾近年在山西、河北、陕西等笋区危害日渐严重。2002年芦笋蠹蛾大发生，山西全省有2万亩芦笋不同程度受害，发生严重的地块，虫株率达60%以上，死苗株率达30%以上，严重影响芦笋产量和质量，造成很大的经济损失（图3-8）。

　　芦笋蠹蛾成虫，雌蛾体长30毫米左右，翅展70毫米左右，雄蛾略小。体灰褐色，粗壮，胸背褐色，披白色鳞片。前翅白色，前端在顶角处有褐色半圆形斑，后翅白色。卵近椭圆形，长1.4毫米，宽1毫米，表面有纵棱及黑褐色纹，初乳白色，孵化前暗褐色。老熟幼虫65～80毫米，体粗壮，略扁平，头褐色，体乳黄至灰黄色，无显著斑纹，腹部与体色相同。蛹体长35～40毫米，红褐色，茧长椭圆形。长50毫米左右，由丝粘土粒成土茧（图3-9，图3-10）。

图3-8　芦笋蠹蛾土茧

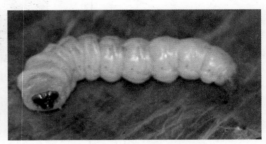

图3-9　芦笋蠹蛾幼虫

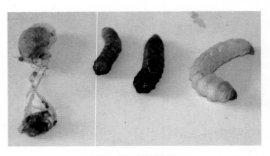

图3-10　芦笋蠹蛾蛹

（1）生活史及习性：芦笋蠹蛾每年发生1代，以当年幼虫在冻土层下越冬，越冬期间幼虫在冻土层下，但不呈休眠状态，仅生活力减弱。老熟幼虫用丝粘结土粒做成土茧化蛹，蛹在土壤内2～10厘米处，蛹期25天左右，4～5月为蛹羽化期。成虫昼伏夜出，白天潜伏在作物叶片背面、草丛中或土缝间。成虫有趋光性、趋化性。成虫1天中有两次活动高峰：早晨5～7时为交尾高峰，晚7～10时为产卵高峰。一头雌虫产卵量达200～500粒，卵产于芦笋地表的茎上或杂草土表上，成块状，每块10余粒。卵经7天孵化，初孵化幼虫即钻入土中，咬破茎皮进入韧皮部危害。幼虫4龄后大量咬食根茎部鳞芽，使根茎部呈现空管状，幼虫期长达165～180天（图3-11）。

图3-11　芦笋蠹蛾幼虫危害根盘

（2）防治方法：在幼虫化蛹期及时浅耕笋地，翻出蛹及时消灭。中耕灭蛹，可减少有效虫源。

5～6月份利用黑光灯、高压汞灯、佳多振频灯等诱杀成虫，每50亩安1盏灯，能明显降低卵密度和幼虫数量，并可根据诱杀成虫的数量变化，准确地预报卵盛期、幼虫发生期，为及时喷药防治提供依据。也可用糖醋液诱蛾扑杀成虫。

对有被害症状的笋株，及时拔除，并就地刨土捉虫，有效降低田间虫口密度。

利用成虫羽化时期，出土不会飞、趴在地上不动的特性，药剂灭蛾。在芦笋蠹蛾成虫盛发期用50%辛硫磷1000倍液喷雾防治效果较好。

在成虫盛发期每亩用敌百虫0.5千克，拌湿润细土25～40千克，搅拌均匀撒入笋行，杀虫、卵效果较好。

化学防治：卵孵化盛期每亩用50%辛硫磷1000倍液或25%溴氰菊酯20毫升进行喷雾，效果较好。在笋田发现危害株率达5%，采用在芦笋根盘周围打洞。选用50%辛硫磷灌根防治，有一定的控害作用。

### 4.蛴螬的防治

蛴螬俗称大蚜虫、地漏子等，它的成虫是金龟子。蛴螬种类多、分布广、食性杂、危害严重。我国有近130种，其中对芦笋危害最重的有两种：即华北大黑鳃金龟和暗黑鳃金龟（图3-12）。

图3-12　蛴螬成虫

（1）危害特点：幼虫主要咬食幼苗的根茎及根盘，使植株萎蔫枯死，造成缺苗断垄；成虫具有隔日出土的习性，昼伏夜出，主要危害芦笋的茎、叶及花。该虫危害时间长，芦笋的整个生长期都能受到其侵害。

（2）发生规律：暗黑鳃金龟一年发生一代，多以老熟幼虫在土壤中作室越冬，4月下旬至5月初开始化蛹，8月下旬幼虫大多进入3龄期。成虫具有趋光性和假死性，主要在夜间危害。华北大黑鳃金龟2年完成一代，以成虫和2、3龄幼虫隔年在土中交替越冬。4月下旬至5月下旬是越冬幼虫危害盛期，8月份幼虫进入2、3龄期。成虫有假死性、趋光性和性诱性，晚8~9时成虫危害达到高峰。蛴螬始终在地下活动，与土壤温湿度关系密切，一般当10厘米深土温达5℃时，其开始上升至表土层，13~18℃时活动最盛，23℃以上则往深土中移动。土壤湿润则活动性强，尤其小雨连绵天气危害加重（图3-13，图3-14）。

图3-13　蛴螬幼虫危害

图3-14　蛴螬幼虫

（3）防治方法

①　灌水灭虫，在幼虫危害盛期，可结合灌溉让笋田内短时间积水，具有良好的杀虫效果。

②　利用成虫的假死性、趋光性及性诱性，进行诱杀或人工捕捉。

③　药剂防治：芦笋定植前，结合耕地开挖定植沟，亩撒施3%辛硫磷颗粒剂4~5公斤；定植后的大田可结合培垄，亩施3公斤3%辛硫磷或用1.8%阿维菌素乳油2000~3000倍液灌根，对防治幼虫十分有效。在成虫危害盛期，可用20%三唑磷乳油200~250毫升／亩、50%辛硫磷乳剂600倍液或40%氧化乐果乳油2000倍液进行喷洒。

## 5. 金针虫的防治

金针虫属鞘翅目，叩头虫科。成虫俗称叩头虫，幼虫又称铜丝虫、截节虫等。危害芦笋的金针虫主要有两种：沟金针虫和细胸金针虫

（图3-15）。

（1）危害特点：以幼虫在土中咬食幼苗根茎及采收中的嫩茎，严重影响芦笋的产量、品质及幼苗生长。

（2）发生规律：2～3年发生一代，以成虫和幼虫在土中越冬。越冬成虫3月中旬至4月中旬为活动盛期，白天潜伏于表土内，夜间出土交配产卵。3月中旬幼虫开始活动，4月上中旬危害最烈。6月份10厘米深土温达到28℃以上时，金针虫下潜至深土层越夏。9月下旬至10月上旬，土温下降到18℃左右时，幼虫又上升到表土层活动（图3-16）。

图3-15　金针虫成虫　　　　　　图3-16　金针虫幼虫

（3）防治方法：用于防治蝼蛄的药剂均适用于金针虫。可结合培垄撒施3.6%三通颗粒剂、3%辛硫磷颗粒剂、2.5%敌百虫粉剂等。同时也可用1.8%阿维菌素乳油2000～3000倍液等灌根进行防治。

## 二、食叶害虫防治

### 1.十四点负泥虫的防治

十四点负泥虫属鞘翅目，负泥虫科。别名，芦笋叶甲，细颈叶甲。分布在黑龙江、吉林、辽宁、内蒙古、北京、河北、山东等地。

（1）危害特点：成、幼虫啃食芦笋嫩茎或表皮，导致芦笋植株畸形或食成光秆对绿芦笋危害最重。危害成茎时常啃食其嫩皮，破坏输导组织，造成芦笋植株变矮畸形或分枝，拟叶丛生，严重的可使被害株干枯而死（图3-17，图3-18）。

图3-17　十四点负泥虫危害紫芦笋

图3-18　十四点负泥虫危害幼笋

（2）形态特征：成虫长椭圆形，长5.5～6.5毫米，宽2.5～3.2毫米，体棕黄色或红褐色，并具黑斑，头前段、眼四周、触角均为黑色，其余褐红色。头部带黑点，触角11节短粗。前胸背板长略大于宽，前半部具1字形排列的黑斑4个，基部中央1个，小盾片黑色舌形，每个鞘翅上具黑斑7个，其中基部3个，肩中部2个，后部2个。体背光洁，腹部褐色或黑色。卵长1～1.25毫米，宽0.25毫米，初乳白色至浅黄色，后变深褐色。幼虫寡足型，初孵化时，虫体灰黄色至绿褐色，头、胸足、气孔黑色。2龄后乳黄色。老熟幼虫体长6毫米，腹部肥胖隆起，体暗黄色光亮，3龄幼虫以后，头胸部变细，腹背隆起膨大，肛门在背面，体外常具泥状粪便，故名十四点负泥虫。离蛹长5～6毫米，宽2.2～2.9毫米，鲜黄色，可见触角、足、翅等。土茧椭圆形（图3-19）。

（3）发生规律：在山东、华北年发生3～4代，以成虫在芦笋根盘

图3-19 十四点负泥虫成虫

四周的土下和残留在地下的枯茎里越冬。越冬成虫翌春3月中下旬至4月上旬出土活动，4月中旬产卵。卵期3～9天。4月下旬至5月上旬是成虫、幼虫第一次危害高峰期。一代发生于5月中旬至7月下旬，6月中旬进入卵孵化盛期，7月初为幼虫危害第二高峰期。幼虫期7～10天，共4龄。二代发生于6月下旬至9月上旬，8月上旬是卵孵化盛期和幼虫危害高峰期。三代于8月中旬至10月中旬发生。秋季气温高，降雨少的年份可发生第4代。越冬成虫春季出土后，先在育苗地取食嫩茎、啃食表皮，7月上旬成虫转移到大田笋株上，7月下旬至8月上旬进入危害高峰期，成、幼虫世代重叠，成虫具假死性，能短距离飞行。幼虫行动慢，4龄进入暴食期，老熟后钻入土中，在笋株茎基部1～2厘米处结茧化蛹。成虫交尾3～4天后可产卵，散产在叶茎交界处或嫩叶上（图3-20）。

图3-20 十四点负泥虫幼虫

（4）防治方法

① 清笋园除虫，冬前和翌春及时清除笋田枯枝落叶，拔除枯茎，集中烧毁，消灭越冬成虫。

② 于越冬代成虫出土盛期喷洒0.6%无名霸（苦参烟碱醇液）1000倍液、20%灭扫利乳油2000倍液、50%抗蚜威超微可湿性粉剂2000倍液、90%敌百虫1500倍液、40%氧化乐果乳剂1500～5000倍液、50%辛硫磷乳油1500倍液。

③ 掌握十四点负泥虫，卵孵化盛期对于苗田和不采笋田喷洒上述杀虫剂，利于把该虫控制在低龄抗药性小的阶段，压低一代成虫数量，可取得事半功倍的效果。7月上旬大田封垄后，采笋田于8月上旬进入卵孵化盛期和幼虫危害高峰期，是防治该虫关键时期。采收前9天停止用药（图3－21）。

图3－21　十四点负泥虫

## 2.夜盗虫的防治

夜盗虫是多种夜蛾科害虫的幼虫总称。危害芦笋的夜盗虫主要有银纹夜蛾、甜菜夜蛾和小造桥虫等（图3－22）。

（1）危害特点：夜盗虫的成龄幼虫，具有暴食性，危害大，除咬食芦笋的拟叶和嫩茎外，还伤害幼茎，并啃食老茎表皮，致使茎秆光秃，植株的同化器官遭受破坏，同化产物减少，造成翌年减产（图3－23）。

（2）发生规律：夜盗虫在我国北方一年发生5～6代，以蛹在土壤中越冬。温度为27～30℃，相对湿度为73%～87%，土壤含水量为

图3-22 夜盗虫幼虫危害

图3-23 夜盗虫

20%～30%时，夜盗虫繁殖速度最快，危害最重。3龄前幼虫食量很小，5龄以后进入暴食期。幼虫昼伏夜出，一般傍晚开始活动，晚8时至午夜为活动盛期(图3-24)。

(3) 防治方法

① 诱杀。为了减少和控制幼虫盛发，可用黑光灯或糖醋毒饵诱杀成虫。糖醋液的配方为：(以重量计算)红糖2份、水2

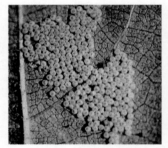

图3-24 夜盗虫虫卵

份、醋1份、白酒1份、90%敌百虫0.06份。每亩晚上放一盆，白天收回，5天换一次诱液。

② 药剂防治。由于老龄幼虫抗药性强，危害严重，因此用药剂防治一定要在3龄以前及时喷药，每隔5～7天喷一次，喷药宜在下午或傍晚进行。常用药剂有90%敌百虫800～1000倍液、20%三唑磷乳油200～250毫升/亩、50%辛硫磷乳油1000倍液、40%氧化乐果乳油1000～1500倍液、速灭杀丁每亩10～20毫升、20%虫酰肼可湿性粉剂200～300克/公顷、40%锐克星40～60毫升/亩、白鹭净可湿性粉剂

第三章 芦笋主要虫害防治

1500~2500倍液、克拉杀乳油1000~2000倍液等（图3-25）。

图3-25 夜蛾幼虫

### 3.棉铃虫的防治

棉铃虫属鳞翅目，夜蛾科。20世纪90年代以来在棉花上大爆发，对芦笋的危害逐渐加重，已成为危害芦笋的主要害虫之一（图3-26）。

（1）危害特点：主要以幼虫啃食嫩茎表皮，并钻蛀茎秆，严重时常将茎表皮啃光，植株的同化器官遭受损失，养分积累减少，影响翌年产量及品质（图3-27）。

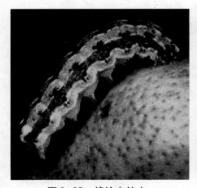

图3-26 棉铃虫幼虫

图3-27 棉铃虫危害笋尖

（2）形态特征：成虫体长 14～18 毫米，翅展 30～38 毫米，灰褐色。前翅具褐色环状纹及肾形纹，肾形纹前方的前缘脉上有二褐纹，肾形纹外侧为褐色宽横带，端区各脉间有黑点。后翅黄白色或淡褐色，端区褐色或黑色。卵约 0.5 毫米，半球形，乳白色，具纵横网格。老熟幼虫体长 30～42 毫米，体色变化很大，由淡绿、淡红至红褐乃至黑紫色，常见为绿色型及红褐色型。头部黄褐色，背线、亚背线和气门上线呈深色纵线，气门白色，腹足趾沟为双序中带。两根前胸侧毛连线与前胸气门下端相切或相交。体表布满小刺，其底座较大。蛹长 17～21 毫米，黄褐色。腹部的 5～7 节的背面和腹面有 7～8 排半圆形刻点，臀棘钩刺 2 根（图 3-28）。

**图 3-28　棉铃虫幼虫**

（3）发生规律：华北地区一年发生 4 代，以蛹在土内越冬。在华北于 4 月中下旬春季气温达到 14℃ 以上时开始羽化，5 月上旬为羽化盛期；一代卵见于 4 月下旬至 5 月末，以 5 月中旬为盛期，一代成虫见于 6 月初至 7 月初，盛期为 6 月中旬；第二代卵盛期也为 6 月中旬，7 月份为第二代幼虫危害盛期，7 月下旬为二代成虫羽化和产卵盛期；第四代卵见于8月下旬至9月上旬,所孵幼虫于10月上中旬老熟,入土化蛹越冬。成虫于夜间交配产卵,每雌产卵100~200粒;卵发育期15℃为6~14天;20℃,5~9天;25℃,4天;30℃,2天。棉铃虫属喜温喜湿性害虫,成虫产卵适宜温度在23℃以上,20℃以下很少产卵;幼虫发育以温度25~28℃和相对湿度75%~90%最为适宜。在北方尤以湿度的影响较为显著,当月降雨量在100毫米以上,相对湿度70%以上时危害严重。但雨水过多造成土壤板结,则不利于幼虫入土化蛹,同时蛹的死亡率增加。此外,暴雨可冲掉棉铃虫卵,也有抑制作用(图3-29)。

(4)防治措施

① 在卵孵化盛期,喷洒Bt乳剂、HD-1等生物制剂和25%灭幼脲悬浮液600倍液。

② 田间百株卵量达到20~30粒时,掌握在半数卵开始变黑时,开始喷洒50%辛硫磷乳油1000倍液或21%灭杀毙乳油1000倍液。

③ 3龄前喷洒克拉杀乳油1000~2000倍液、0.5%虫敌藜芦碱可溶性液剂1500~2000倍液、农哈哈Bla 1%乳油2000~4000倍液、20%喹硫磷乳油等。注意交替轮换用药,以提高防治效果(图3-30)。

图3-29 棉铃虫成虫

图3-30 棉铃虫

# 三、其他害虫防治

## 1.红蜘蛛的防治

红蜘蛛属真螨目，叶螨科。分布在全国各地（图 3-31）。

（1）危害特点：以若螨或成螨群聚吸取芦笋嫩茎和拟叶汁液，严重时叶片干枯脱落，影响生长，造成翌年减产（图 3-32）。

图 3-31　红蜘蛛

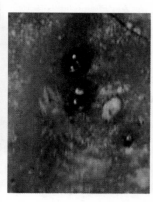

图 3-32　红蜘蛛

（2）形态特征：雌螨体长 0.44 毫米，包括喙长 0.53 毫米，体宽 0.31 毫米；椭圆形，深红色，足及鄂体白色，体侧有黑斑。雄螨体长（包括喙）0.37 毫米，体宽 0.19 毫米；阳具柄部宽阔，末端弯向背面形成一微小的锻锤，其背缘呈平截状，末端 1/3 处有一回陷。端锤内角圆钝，外角尖利。

（3）发生规律：在华北地区以雌螨在枯枝落叶或土缝中越冬。早春气温达 10℃以上，越冬成螨即开始大量繁殖，多于 4 月下旬至 5 月上中旬迁入笋田，先是点片发生，随即向四周迅速扩散。发育起点温度为 7.7～8.8℃，最适宜温度为 29～31℃，相对湿度为 35%～55%。当相对湿度超过 70% 时，对其繁殖不利。高温低湿则发生严重，所以 6～8 月份危害严重。

（4）防治措施

① 铲除田边杂草，清除残株败叶。

② 天气干旱时要注意灌溉并合理施肥（减少氮肥，增施磷肥），减轻危害。

③ 大发生情况下，主要采取化学防治，用 1.8% 爱福丁乳油 200 倍液喷雾效果极好，持效期长，并且无药害。此外，可以采用 10% 天王星乳油 6000～8000 倍液、10% 吡虫啉可湿性粉剂 1500 倍液、0.5% 虫敌藜芦碱可溶性液剂 1500～2000 倍液、农哈哈 Bla 1% 乳油 2000～4000 倍液、24.5%EC 多虫螨丁 1000～2000 倍液、0.3% 全敌印楝素乳油 800～1200 倍液、克拉杀乳油 1000～2000 倍液，以及卡死克等喷雾进行防治。

## 2.蓟马的防治

蓟马是一种刺吸性害虫，该虫在我国芦笋产区都有发生。危害芦笋的主要是花蓟马和烟蓟马（图 3-33）。

（1）危害特点：以成虫和若虫危害芦笋的叶片、花瓣、嫩茎及笋尖、鳞片等，主要是吸食嫩茎汁液，导致嫩茎发育不良，影响品质。严重时植株丛矮，嫩茎、笋尖弯曲、畸形（图 3-34）。

**图 3-33 蓟马危害**

图 3-34 蓟马

（2）形态特征：成虫体长约1.3毫米，褐色带紫，头胸部黄褐色；触角较粗壮，第三节长为宽的2.5倍并在前半部有一横脊；头短于前胸，后部背面皱纹粗，颊两侧收缩明显；头部前缘在两复眼间较平，仅中央稍突；前翅较宽短，前脉鬃2021根，后脉鬃14～16根；第8腹节背面后缘梳完整，齿上有细毛；头、前胸、翅脉及腹端鬃较粗壮且黑。二龄若虫体长约1毫米，基色黄；复眼红；触角7节，第3、4节最长，第3节有覆瓦状环纹，第4节有环状排列的微鬃；胸、腹部背面体鬃尖端微圆钝；第9腹节后缘有一圈清楚的微齿。

（3）发生规律：该虫以蛹、若虫或成虫在表土中越冬。每年4～11月均有发生，但一般5～6月是危害盛期。干旱季节危害严重，高温多湿时危害较轻。最适发生温度为20～25℃。成虫有趋花性，卵大部分产于花内组织中，一般产在花瓣上。每雌产卵约180粒。产卵历期长达20～50天。

（4）防治措施

① 春季清除笋田周围杂草，消灭越冬寄主上的虫源。

② 气候干旱时，采用浇跑马水的方法灌溉。

③ 使用防虫网或遮阳网可减少受害。

④ 抓住花期药剂防治。药剂有40%氧化乐果1000倍液、白鹭净可湿性粉剂1500～2500倍液、0.3%全敌印楝素乳油800～1200倍液、0.38%黄参碱可溶性液剂1000～1500倍液、0.1%阿维苏100亿／克，苏云金杆菌可湿性粉剂1500～2000倍液等。

### 3.蚜虫的防治

蚜虫又称腻虫，是一种刺吸性害虫。蚜虫分有翅蚜虫和无翅蚜虫两种类型。各种蚜虫体色差异很大，有绿色、黄色或浅绿色等。蚜虫具有强大的繁殖能力，成蚜可进行孤雌生殖，夏天4～5天即可繁殖一代，繁殖的适宜温度为16～22℃，当温度在25℃以上时繁殖会受到抑制（图3-35）。

图3-35 蚜虫

（1）危害特点：蚜虫是一种刺吸性杂食害虫。成虫及若虫在芦笋的嫩枝及拟叶上刺吸芦笋体内的养分，使植株生长不良，嫩枝和拟叶受害后往往萎缩封顶呈丛状，既不抽枝，也不长拟叶，使地上部生长受到严重影响，严重影响翌年产量及品质。此外，蚜虫传播多种病毒病，造成的危害远远大于蚜害本身（图3-36）。

图 3-36 蚜虫危害

（2）发生规律：蚜虫繁殖力极强，在我国北方地区年发生10余代，在南方达数十代；繁殖适温为16～22℃，夏季4～5天可繁殖一代。

（3）防治措施

① 银灰膜驱蚜。为避免有翅蚜迁入笋田传毒，可将要保护的笋田，间隔铺设银灰膜条，在播种或定植前就要设置好，以防患于未然（图3-37）。

图 3-37 蚜虫

② 药剂防治。由于蚜虫繁殖快，蔓延迅速，必须及时防治，因此一般采用化学药剂防治。在用药上应尽量选择兼有触杀、内吸、熏蒸三重作用的农药，如国产50%抗蚜威，或英国的50%辟蚜雾可湿性粉剂2000～3000倍液有特效，并且选择性极强，仅对蚜虫有效，对天敌昆虫及桑蚕、蜜蜂等益虫无害，有助于田间的生态平衡。其他可选用

**图 3-38 蚜虫**

灭杀毙 3000 倍液、10%一遍净（吡虫啉）可湿性粉剂 2000 倍液、40%氧化乐果 1000 倍液、白鹭净可湿性粉剂 1 5 0 0 ～ 2500 倍液、0.3%全敌印棟素乳油 800～1200 倍液、0.38%黄参碱可溶性液剂 1000～1500 倍液、0.1%阿维苏 100 亿／克，苏云金杆菌可湿性粉剂 1500～2000 倍液等（图 3-38）。

### 4. 种蝇的防治

种蝇属双翅目，花蝇科。幼虫俗称地蛆、根蛆、菜蛆等（图 3-39）。

（1）危害特点：种蝇是一种杂食性地下害虫。以幼虫进行危害，蛀食芦笋的贮藏根及鳞芽群，也时常蛀入嫩茎进行危害，使嫩茎变形，甚

**图 3-39 种蝇**

至发黄枯死，影响嫩茎产量及品质。

（2）形态特征：成虫体长4～6毫米，雄稍小。雄体色暗黄色或暗褐色，两复眼几乎相连，触角黑色，胸部背面具黑纵纹3条，前翅基背鬃长度不及盾间沟后的背中鬃之半，后足胫节内下方具1列稠密末端弯曲的短毛；腹部背面中央具黑纵纹1条，各腹节间有1黑色横纹。雌灰色至黄色，两复眼间距为头宽1/3；前翅基背鬃同雄虫，后足胫节无雄蝇的特征，中足胫节外上方，具刚毛1根；腹背中央纵纹不明显。卵约长1毫米，长椭圆形稍弯，乳白色，表面具网纹。幼虫蛆形，体长7～8毫米，乳白而稍带浅黄色；尾节具肉质突起7对，1～2对等高，5～6对等长。蛹长4～5毫米，红褐或黄褐色，椭圆形，腹末7对突起可辨。

（3）发生规律：北方以蛹在土中越冬。翌年3月中下旬羽化成虫。种蝇在25℃以上，完成1代19天，春季均温17℃需时42天，秋季均温12～13℃则需51.6天，产卵期初夏30～40天，晚秋40～60天，35℃以上70%卵不能孵化，幼虫、蛹死亡，故夏季种蝇少见。种蝇喜白天活动，幼虫多在表土下和幼茎内活动。4月下旬至5月上旬是1代幼虫危害盛期。湿润的土壤环境有利于幼虫活动及蛹的羽化。

（4）防治措施

① 施用腐熟的有机肥，防止成虫产卵。开沟追施，培垄前及采笋期间追肥时尽量不施用有机肥。

② 成虫产卵高峰及地蛆孵化盛期及时防治。用糖醋液诱杀成虫，方法是将红糖、食醋、水按2∶2∶5的比例混合均匀，并加入少量90%敌百虫，放于盆中，放在笋田内诱杀。

③ 在成虫发生期，地面喷5%杀虫畏粉或21%灭杀毙乳油2000倍液，或2.5%敌杀死或2.5%敌百虫粉等，隔7天1次，连续防治2～3

次。当地蛆已钻入幼苗根部时，可在培垄前应用1～1.5公斤的2.5%敌百虫粉、5%特丁硫磷颗粒剂或3%辛硫磷颗粒剂兑土沿笋丛撒施。在幼虫危害盛期，可用1.8%阿维菌素乳油2000～3000倍液、40%氧化乐果乳剂2000倍液、20%好年冬乳油1500～2000倍液、50%辛硫磷乳剂2000倍液灌根。

### 5.十二星叶甲虫的防治

十二星叶甲虫属鞘翅目，叶甲科（图3—40）。

（1）危害特点：以成虫和幼虫危害芦笋。春季啃食刚出土的嫩茎，生长期危害茎叶，造成翌年减产（图3—41，图3—42）。

图3—40　甲虫

图3—41　甲虫的危害

图3—42　甲虫幼虫

（2）形态特征：成虫体长0.6～0.7厘米，全身红褐色，背部有12个黑点。卵呈暗红色，端部为圆形。幼虫开始为黄色，然后转变为褐色。蛹为淡黄色。

（3）发生规律：成虫和幼虫在芦笋枯茎中越冬。每年发生2～3代，每代4～6周。

（4）防治措施

① 春季清园时将枯茎清出笋田烧掉，以清除虫源。

② 药剂防治。通常用福太农可湿性粉剂1000倍液、克拉杀乳油1000～2000倍液、90%敌百虫1500倍液、3%阿维高氯乳油20～60毫升／亩喷雾等进行防治（图3-43）。

**图3-43 甲虫成虫**

### 6.叶蝉的防治

危害蔬菜的叶蝉，主要是黑尼叶蝉。雌虫长约5.5毫米，雄虫稍微小一点，黄绿色或鲜绿色，触角鞭状，长着复眼。雌虫把产卵器刺入芦笋的叶鞘或茎部组织里产卵，危害芦笋幼嫩茎叶。叶蝉一年繁殖4～5代，给芦笋产量和质量造成很大灾害（图3-44）。

**图3-44 叶蝉**

消灭的方法有喷撒农药、清除杂草等，不让它有栖身之地，或利用叶蝉成虫的趋光性，用灯光诱杀等。

　　当平均每棵芦笋有成虫1头时，就需化学药剂防治。在病毒病流行地区要做到灭虫，在传毒之前，施药适期应掌握2、3龄若虫期进行。

　　可选用25%杀虫双水剂500倍液、20%叶蝉散乳油500倍液、50%混灭威乳油1000倍液喷雾、50%马拉硫磷乳油1000倍液喷雾、每亩喷药液75千克（图3-45）。

图3-45　叶蝉成虫

# 附 录

## 北京市农林科学院
## 种业芦笋研究中心简介

北京市农林科学院种业芦笋研究中心自20世纪80年代末开展芦笋$F_1$代杂交种的引种、育种工作以来，与国际芦笋协会建立了密切的联系，先后邀请新西兰国家作物与食品研究院的芦笋生理与栽培专家Derek Wilson教授（1995年6月），国际芦笋协会主席、美国加利福尼亚芦笋种子公司董事长Brian Benson教授（1993年4月；1997年5月；2001年8月；2004年9月）、新西兰太平洋芦笋有限公司董事长、芦笋育种专家Peter G.Falloon博士（1998年6月；2004年5月），美国新泽西州立大学、国际芦笋协会著名芦笋专家陈自觉教授（2004年5月；2006年6月；2007年6月），国际芦笋协会主席、意大利国家蔬菜研究所研究员A. Falavigna博士（2004年9月），美国新泽西州芦笋协会主席Samuel D.Walker，新泽西芦笋育种场董事会主席Scott D.Walker（2004年10月），法国国家蔬菜研究所芦笋专家Jason Abbott研究员（2005年3月）来中国讲学和考察，把国际芦笋的先进技术、最新无性系$F_1$代杂交种，以及无性全雄育种方法和栽培理念引进中国，引领了中国芦笋产业的创新和转型。

在广泛的国际交流基础上，北京市农林科学院种业芦笋研究中心与新西兰国家作物与食品研究院、美国加利福尼亚芦笋种子公司、新西兰太平洋芦笋科技发展有限公司、美国新泽西州立大学全雄芦笋项目育种中心、意大利国家蔬菜研究所、法国国家蔬菜研究所建立了紧密的合作关系。1997年、2001年、2005年芦笋研究中心连续12年参加了"国际芦笋品种第二届、第三届、第四届联合试验"，与日本、法国、西班牙、美国、新西兰等国家的芦笋专家保持着密切的联系，从中得到了大量最新技术资料和科技信息。2001年、2005年本中心创始人及本书作者叶劲松先生代表中国芦笋界参加了在日本新潟举行的第十届国际芦笋研讨会，在荷兰举行的第十一届国际芦笋研讨会与世界各国的芦笋同行研讨交流，并引进了最新的芦笋全雄系育种材料。在当今的信息社会，能及时掌握国际芦笋发展动态，引进最新技术和品种资源，使本中心的芦笋育种研究工作建立在与国际接轨的高起点上，对我国芦笋产业的高标准发展无疑是非常重要的。

北京市农林科学院种业芦笋研究中心是我国芦笋无性系 $F_1$ 代杂交种引进、鉴定、推广、育种创新的先驱。倡导和主持召开了四届全国芦笋研讨会（2000 年 9 月首届中国北京芦笋研讨会；2004 年 9 月第二届中国山东日照芦笋研讨会；2006 年 6 月中国北京国际芦笋研讨会及人民大会堂新闻发布会；2008 年 6 月中国武汉黄陂第三届全国芦笋研讨会）。在第二届中国山东日照芦笋研讨会上本书作者叶劲松先生被选为中国芦笋协会（筹备会）秘书长，被中国作物学会特种作物委员会聘为首席芦笋专家。主编出版了《经济作物先进适用技术》、《芦笋新品种及高产优质栽培技术》、《芦笋的食疗与食谱》、《优质芦笋高产防病技术 200 问》等芦笋专著。主持建立了为中国笋农提供无偿技术服务的"中国北方芦笋先驱网"，成为全国芦笋先进技术、优良品种权威宣传者和技术服务中心。被河北省、山西省、山东省、河南省等 10 余个省市聘为省市级芦笋产业高级顾问，在国内享有很高的声望。

目前中心已收集引种了世界上 20 多个国家的 200 余个芦笋品种资源、40 多份芦笋全雄系资源，以及我国自己的来自 5 个生态区的 10 余个野生芦笋资源，并对其进行了深入的研究。在农科院试验场和北京昌平精准农业高科技示范园建成我国北方规模最大的国际芦笋最新品种试验示范、育种研究基地。我们应用这些育种材料与先进的组培技术结合，已选配了大量组合，培育出京绿芦 1 号（京 BJ98-2）绿芦笋组合和京紫芦 2 号（BJ99-1-64)紫芦笋组合，已投入生产试验，在国际芦笋评比试验中表现生长势突出，品质优良。在中心潜心研究的《芦笋多年持续高产防病技术体系》和发展我国芦笋产业新理念指导下，在河北、河南、山东、陕西、山西、内蒙古等北方 8 省市，已建立 34 个国际芦笋 $F_1$ 代新品种试验示范出口基地，正在为我国新世纪的芦笋产业发展模式起着重要的指导示范作用。

北京市农林科学院种业芦笋研究中心紧跟国际芦笋发展形势，掌握最新技术发展动态、最新芦笋品种及栽培模式的试验示范，精诚为我国北方芦笋产业的高水平发展提供优质、价廉的 $F_1$ 代新品种及全套技术跟踪服务。

地址：北京市海淀区板井曙光中路 9 号农林科学院

电话：010−88434669　13661066220

邮编：100097

网址：中国北方芦笋先驱网；www.asparagus.com.cn；www.lusun.com.cn

电子信箱：yejs@263.net

**图书在版编目(CIP)数据**

芦笋优质高产防病技术图文精解/叶劲松主编.-北京:科学技术文献出版社,2009.3

ISBN 978-7-5023-6290-4

Ⅰ.芦… Ⅱ.叶… Ⅲ.石刁柏-蔬菜园艺-图解 Ⅳ.S644.6-64

中国版本图书馆 CIP 数据核字(2009)第 021076 号

| | | |
|---|---|---|
| 出 版 者 | 科学技术文献出版社 |
| 地 址 | 北京市复兴路 15 号(中央电视台西侧)/100038 |
| 图书编务部电话 | (010) 51501739 |
| 图书发行部电话 | (010) 51501720,(010) 51501722(传真) |
| 邮 购 部 电 话 | (010) 51501729 |
| 网 址 | http://www.stdph.com |
| E-mail:stdph@istic.ac.cn | |
| 策 划 编 辑 | 孙江莉 |
| 责 任 编 辑 | 孙江莉 |
| 责 任 校 对 | 赵文珍 |
| 责 任 出 版 | 王杰馨 |
| 发 行 者 | 科学技术文献出版社发行 全国各地新华书店经销 |
| 印 刷 者 | 北京时尚印佳彩色印刷有限公司 |
| 版(印)次 | 2009 年 3 月第 1 版第 1 次印刷 |
| 开 本 | 850 × 1168 32 开 |
| 字 数 | 93 千 |
| 印 张 | 4 |
| 印 数 | 1~5000 册 |
| 定 价 | 18.00 元 |